AF298903

ÉTUDE

SUR LES

KYSTES DE L'OVAIRE

ET L'OVARIOTOMIE.

A. PARENT, Imprimeur de la Faculté de Médecine, rue Monsieur-le-Prince, 31.

ÉTUDE

SUR LES

KYSTES DE L'OVAIRE

ET

L'OVARIOTOMIE

PAR

Rafael HERRERA VEGAS

DOCTEUR EN MÉDECINE DE LA FACULTÉ DE PARIS.

PARIS

LOUIS LECLERC, LIBRAIRE-ÉD TEUR

14, RUE DE L'ÉCOLE DE MÉDECINE.

1864

INTRODUCTION.

Le but de ce travail est de plaider en faveur d'une opération qui jusqu'à ce jour n'a pas reçu, en France surtout, de la part de toutes les autorités dont le pays est fier, à juste titre, l'accueil favorable que nous croyons lui être dû.

On se souvient encore des dissidences qui se sont élevées quand l'ovariotomie portée au tribunal du monde scientifique vint réclamer une appréciation dégagée de toute prévention personnelle. De toutes parts les esprits se recueillirent; on instruisit le procès dans tous ses détails et avec un soin scrupuleux qui témoigne suffisamment de l'importance du sujet et de l'intérêt qu'on y attachait. Mais il faut de suite le reconnaître, le champ des adversaires jurés commé celui des partisans avoués était aussi bien occupé par des hommes également éminents et convaincus. Le jugement scientifique en France resta en suspens, penchant cependant un peu du côté des adversaires.

C'est là ce qui nous a porté à étudier l'ovariotomie pour nous éclairer nous-même, sur les avantages et les dangers de cette nouvelle opération. Les documents que nous avons recueillis nous paraissent en nombre assez respectable pour légitimer une conclusion ; aussi n'hésiterons-nous pas à la formuler à la fin de cette thèse, persuadé que personne ne nous accusera

de témérité et de prétention dans ce débat, où notre seule et unique préoc-
cupation a été la recherche de la vérité.

Nous avons cru devoir nous occuper, dans la première partie de ce travail,
des kystes ovariques en eux-mêmes; il nous semble profitable, au point de
vue pratique, de rappeler leurs symptômes, leur anatomie pathologique,
surtout, dont l'histoire du développement et de la marche est le prologue
obligé de toute opération et plus spécialement de l'ovariotomie. Cette marche nous a paru d'autant plus naturelle que nous avons senti nous-même,
en faisant cette étude, la nécessité de la suivre. Tout en comprenant l'utilité de retracer en peu de mots les faits importants des kystes de l'ovaire,
nous avons évité d'entrer dans leur symptomatologie complète et détaillée.
Dans la partie micrographique de cette thèse, nous avons eu le concours
de notre excellent ami et très-distingué histologiste le docteur Ordoñez :
Nous croyons pouvoir recommander cette partie de notre travail.

Enfin nous ne nous faisons aucune illusion sur les difficultés d'une pa-
reille étude, nous sentons qu'elle doit fournir matière à de nombreuses objections; mais nous avons au moins la conscience de l'avoir entreprise avec
tout le soin et la sincérité dont nous sommes capable, et non pas dans l'intention de remplir une formalité banale, mais bien de contribuer pour notre faible part à mettre en lumière les points encore en litige.

Si le fond de notre sujet est critiquable dans plusieurs points, la forme
l'est bien d'avantage. Notre qualité d'étranger nous semble une sauvegarde
contre les reproches qui nous seraient adressés sur des fautes de rédaction
dans une langue qui n'est pas la nôtre.

PREMIÈRE PARTIE.

KYSTES DE L'OVAIRE.

L'ovaire étant un organe qui joue chez la femme un rôle physiologique de la plus haute importance dans le phénomène de la génération, organe sujet à des congestions et à de véritables lésions matérielles à chaque époque menstruelle, est naturellement exposé à des maladies fréquentes, qui finissent souvent par détruire son organisation et abolir ses fonctions. Une des plus terribles est celle connue sous le nom de *kyste de l'ovaire*, qui consiste dans la production accidentelle de sacs fibreux, susceptibles d'un accroissement presque indéfini, et contenant dans leur intérieur des substances très-variables, depuis la sérosité limpide jusqu'aux solides les plus resistants de l'économie, tels que des os, des dents, des poils, etc.

Nous n'entrerons pas dans les détails anatomo-pathologiques de ces différentes variétés de tumeurs ovariques; cependant nous voulons retracer quelques-uns de leurs caractères qui peuvent présenter une importance pratique.

ANATOMIE PATHOLOGIQUE.

Forme. — Ordinairement elle est arrondie dans les kystes *uniloculaires*, quelquefois ovalaire, plus rarement déprimée dans certains points. Les kystes *multiloculaires* présentent des bosselures à la surface, qui sont en rapport avec les cloisons séparant les différentes poches; d'autres fois ces kystes sont composés de kystes plus petits réunis entre eux par des pédicules fibreux, tant les kystes uniloculaires, comme les kystes multiloculaires, sont supportés par un pédicule plus ou moins long et d'une grosseur variable.

Volume. — Il varie beaucoup suivant l'âge de la maladie et surtout suivant la nature du kyste. Les kystes uniloculaires ont, en général, des dimensions inférieures aux kystes multiloculaires; ces derniers peuvent acquérir un volume tel que la cavité abdominale distendue extraordinairement soit remplie presque en entier par cette production pathologique; on a vu de ces tumeurs qui pesaient plus que la femme qui les portait.

Situation. — La situation de ces kystes, dans la cavité abdominale, n'est pas la même aux différentes époques de la maladie. Les kystes, analogues en cela à l'utérus chargé du produit de la conception, occupent le petit bassin quand leur volume n'est pas très-considérable, mais, avec le progrès de l'affection, ils remontent dans la cavité de l'abdomen; cependant on a observé quelquefois des kystes qui ont provoqué des accidents très-graves de compression dans les organes du petit bassin, parce qu'ils n'avaient pas abandonné cette cavité, où ils étaient retenus par des adhérences solides.

Les rapports des kystes varient naturellement suivant la place qu'ils occupent dans la cavité pelvienne ou en dehors de cette cavité, suivant qu'ils se développent à droite ou à gauche.

Ils sont en rapport immédiat avec la paroi abdominale. Dans quelques cas, cependant, le grand épiploon vient s'interposer entre le kyste et cette paroi. Parfois les rapports des kystes offrent cette bizarrerie que, étant nés du côté gauche, ils se logent plus spécialement à droite, et masquent par cette singularité leur point d'origine. M. Huguier a dernièrement insisté sur les difficultés qui peuvent être la conséquence de cette position imprévue. Les intestins sont refoulés en haut et en arrière le plus souvent dans l'hypocondre gauche; on comprend que cette disposition peut varier avec le développement du kyste. Dans quelques cas exceptionnels, on a trouvé des anses intestinales au devant du kyste, retenues là par des adhérences. M. Spencer Wels a trouvé cette disposition dans sa première tentative d'ovariotomie. Les côtés de la cavité abdominale sont occupés le plus souvent par les colons ascendant et descendant. Cette disposition explique la sonorité qu'on trouve à la percussion sur les parties latérales et qui est un précieux signe pour le diagnostic. Le rectum n'est en rapport avec les kystes qu'à la première période quand ils occupent le petit bassin. Nous verrons dans la symptomatologie les accidents auxquels cette position donne lieu.

Les rapports avec la vessie ont été négligés par la plupart des auteurs : M. Bauchet nous dit qu'au début le kyste est en rapport avec l'urètre et le bas-fond de la vessie. La vessie distendue par l'urine peut masquer plus ou moins complétement le kyste de l'ovaire. La compression de l'urètre explique tous les phénomènes de rétention et d'incontinence d'urine qu'on observe chez les femmes affectées de tumeurs de l'ovaire. On a vu quelquefois la vessie remonter si haut, par la dilatation, qu'on a pu croire à l'existence d'une tumeur enkystée du ventre (1). Dans une observation publiée par M. Ritouret on trouvait la vessie adhérant à la partie antérieure du kyste, de manière qu'en pratiquant la ponction on aurait pu transpercer cet organe (2).

L'utérus se trouve ordinairement en avant du kyste; rarement on le trouve en arrière et en bas. M. Cruvelhier a signalé trois fois cette disposition; les adhérences peuvent lui faire prendre des situations anormales. M. Boinet prétend qu'il est toujours incliné du côté où le kyste a pris naissance. Au début, il est très-abaissé et donne lieu à un prolapsus plus ou

(1) Boyer, *Traité des maladies chirurgicales*, t. 9, p. 174.
(2) *Archives génér. de méd .*, t. 1 865, p. 108.

moins considérable. On rencontre aussi quelquefois le col plus ou moins effacé.

Lorsque l'utérus est chargé du produit de la conception, il refoule les kystes en haut, en arrière et sur un des côtés. Cette disposition existait dans le cas que nous rapportons de M. Polloock ; cependant, dans quelques cas, on trouve l'utérus placé en arrière et incliné du côté opposé au kyste.

Les ligaments ronds, la trompe, les ligaments larges suivent l'utérus dans ses déplacements. La trompe est souvent collée en écharpe de bas en haut, et de dedans en dehors, sur la tumeur à laquelle elle adhère ; c'est le rapport qu'elle affecte dans la planche qui se trouve plus loin. (Pl. I.)

Le plexus sacré au début, le plexus lombaire plus tard, sont comprimés par les kystes de l'ovaire et donnent lieu à des symptômes que nous étudierons en temps et lieu.

Les vaisseaux iliaques, la veine cave inférieure, etc., sont comprimés aussi plus ou moins aux différentes époques du développement de la tumeur ovarienne : de là l'œdème des membres inférieurs, et l'ascite qu'on observe quelquefois compliquant les kystes de l'ovaire.

COMPLICATIONS.

Adhérences. — C'est une complication très-fréquente des kystes de l'ovaire ; leur consistance et leur étendue sont très-variables, ainsi que leur siége. On les voit le plus ordinairement se développer sur les organes qui ne se laissent pas déplacer. Les ponctions antérieures ont une influence bien marquée quant à leur étiologie. Nous avons trouvé, dans un nombre considérable d'observations, le nombre des adhérences à la paroi abdominale égal à celui des ponctions qui avaient été pratiquées. Nous nous étendrons plus longuement sur ce sujet qui présente un intérêt tout particulier pour l'opération de l'ovariotomie. Qu'il nous suffise de dire, pour le moment, qu'on les observe plus souvent dans les kystes multiloculaires et composés que dans les kystes simples.

Inflammation de la poche. — Ce phénomène se remarque habituelllement après un traumatisme des parois du kyste. Le pus peut être mélangé au liquide qui remplit la cavité kystique, et mêlé de sang, de grumeaux, de caillots plus ou moins altérés, ou bien il est crémeux et étalé à la surface, comme cela s'observe dans les kystes à liquide gélatineux.

Cette inflammation de la poche est une des causes les plus fréquentes de la communication des kystes avec les organes voisins. Dans quelques cas elle produit la gangrène d'une portion de la paroi du kyste. (Voir l'observation de M. Barth, qui a servi de point de départ à la mémorable discussion de l'Académie de médecine, *Bulletin de l'Académie de médecine,* 1856, t. 31 et 32.)

Péritonite. — La péritonite peut venir aussi compliquer les kystes de l'ovaire, et l'on peut voir à l'autopsie toutes les altérations qui la caractérisent : injection vasculaire du péritoine, présence de fausses membranes, accumulation de liquides purulents dans la cavité péritonéale, surtout dans les cas de péritonite chronique.

STRUCTURE DES KYSTES.

1° *Parois.* — La paroi du kyste est constituée par deux ou trois tuniques de dehors en dedans : 1° une tunique séreuse formée par le péritoine hypertrophié, parcouru par un grand nombre de vaisseaux à sa face interne ; 2° une couche fibreuse qui peut acquérir une épaisseur très-considérable et une grande densité, comme on l'observe dans quelques kystes multiloculaires : dans ce cas, la couche séreuse adhère tellement qu'il est impossible de la séparer ; 3° une couche épithéliale qui n'existe pas toujours, particularité qui a été constatée déjà par MM. Verneuil et Follin, et que M. Ordoñez a eu l'occasion d'observer dans l'étude de quelques pièces.

M. Dubreuil a décrit une quatrième membrane musculeuse, mais cette membrane n'a été trouvée que par ce seul observateur.

Surface externe. — Cette surface varie d'aspect et de forme suivant la nature du kyste : lisse, opaline, luisante dans les kystes uniloculaires ; rugueuse, terne, étranglée dans certains points, présentant des concrétions calcaires ou cartilagineuses dans les kystes multiloculaires.

Surface interne. — Dans quelques cas elle a les caractères d'une membrane séreuse et ressemble beaucoup à la surface interne du péricarde (1); c'est surtout le cas lorsque le liquide est séreux, limpide, ascitique. Quand leur contenu est puriforme, la surface est tomenteuse, rougeâtre, et prend l'aspect de membrane piogénique.

La cavité. — Elle présente des variations infinies. Nous pouvons en considérer deux principales : ou bien elle n'a qu'une poche, ou bien plusieurs constituant le kyste. Cette disposition a servi de point de départ à la division la plus générale, que nous étudierons bientôt.

La note qui va suivre, et que nous devons à M. Ordoñez, nous dispense d'entrer dans de plus longs développements sur la structure des kystes.

« L'histologie est aujourd'hui une partie indispensable dans l'étude de l'anatomie pathologique. Celle des kystes de l'ovaire présente un intérêt de plus, celui de fixer le point d'origine qui jusqu'à ces dernières années avait été considéré comme unique dans l'ovaire. M. Velpeau le premier appela l'attention sur la situation des kystes qu'on rencontrait dans des points différents du ligament large. Après lui, Bright et MM. Huguier, Follin et Verneuil se sont occupés de la même question et ont fixé le point d'origine dans des organes préexistants. C'est donc au moyen du microscope que nous pouvons arriver, en reconnaissant les éléments de ces différents organes, à la solution de cette question qui peut, dans la suite, avoir une grande importance pratique.

« Nous ne pouvons pas offrir aujourd'hui d'abondants matériaux sur l'étude histologique des différentes espèces de kystes qui peuvent se développer

(1) Tavignot, *Expérience,* p. 34 ; juillet 1840.

dans la cavité pelvienne, car quoique depuis quelques années nous ayons eu occasion d'étudier quelques pièces intéressantes, provenant de différents services des hôpitaux de Paris, notre attention n'avait pas été portée spécialement à l'élucidation de la question de déterminer le point de départ et d'évolution des kystes dits de l'ovaire. Dans nos notes antérieures nous avons rencontré cependant des détails qui ont été confirmés par l'étude attentive de la pièce intéressante qui nous a été remise par M. Herrera et dont le dessin est fidèlement reproduit dans ce travail.

« Cette pièce a été trouvée à l'hospice de la Salpêtrière, chez une femme âgée de soixante ans et morte d'une pneumonie dans le service de M. Charcot. La malade ne paraît pas avoir eu conscience de la présence du kyste dans la cavité pelvienne.

« Le kyste principal mesure 16 centim. en long, sur 8 de large. Il est composé de deux membranes parfaitement délimitées l'une de l'autre. La membrane externe est très-résistante au point qu'on peut facilement l'isoler de l'autre sans la déchirer. Cette première membrane est très-vasculaire; les capillaires sanguins forment des mailles polygones en général. La trame de cette première membrane est franchement fibreuse quoique parsemée par des éléments fibro-plastiques, qui, comme on sait, sont des éléments embryonnaires des tissus fibreux et fibrillaire. Il est évident que cette première membrane n'est autre chose que l'enveloppe péritonéale épaissie et parcourue par un grand nombre de vaisseaux sanguins.

« Il y a un point du kyste où l'ovaire gauche y adhère vers une de ses extrémités. Cette adhérence a lieu au moyen d'une couche de tissu fibreux qui se confond avec la trame de la membrane externe. La trompe de Fallope entoure le kyste de telle façon que son pavillon, après avoir fait le tour du kyste, n'est séparé de l'ovaire que par une distance ne dépassant guère 3 centimètres.

« La couche interne du kyste est également formée en totalité d'une trame de tissu fibreux, et parcourue par une série indépendante de capillaires, procédant évidemment de la couche externe, mais affectant des directions différentes et appartenant en propre à cette deuxième membrane. Les capillaires sanguins de cette deuxième membrane pénètrent à l'intérieur du kyste et vont se terminer d'une manière très-digne de remarque. En effet ces capillaires, après avoir parcouru la partie externe de la deuxième membrane, la traversent et vont s'étaler à la partie la plus profonde, au moyen de groupes composés d'un certain nombre d'anses capillaires très-riches, anastomosées ensemble, et présentant sur leur trajet toutes les dispositions qu'on peut observer dans la multiplication des vaisseaux capillaires centraux des villosités choriales et placentaires, sauf quelques différences que nous devons signaler, savoir : le bourgeonnement des vaisseaux capillaires qui se trouvent renfermés dans les villosités choriales et placentaires, se fait en général d'une manière régulière, c'est-à-dire que les vaisseaux de nouvelle formation conservent en général un diamètre proportionnel, tandis que les capillaires développés à la face interne de la deuxième membrane présentent à chaque pas des dilatations caractéristiques d'un état pathologique. Ces vaisseaux procédant d'un tronc commun se subdivisent progressivement de manière à présenter une disposition telle qu'à l'œil nu, on dirait un pointillé sanguin. En examinant au microscope ce pointillé, on arrive facilement à se convaincre qu'il est constitué par des groupes terminaux de capillaires sanguins, très-souvent anastomosés ensemble, dilatés d'une façon très-irrégulière, et présentant absolument l'aspect des capillaires qui constituent les tumeurs fongueuses ou végétations du fond de la vessie, ainsi que certaines tumeurs fongueuses du cerveau et des méninges.

« Ces groupes de capillaires sanguins se rencontrent à différents états de développement, ainsi que quelques-uns d'entre eux présentent nettement la disposition que nous venons d'indiquer, tandis que d'autres sont déjà dans un état de régression en quelque sorte ; aussi on y trouve le sang en grande partie décomposé dans l'intérieur des vaisseaux réduit à une masse granuleuse, donnant une coloration jaunâtre plus intense à la lumière réfléchie qu'à la lumière transmise.

A côté de ce pointillé très-rouge dépendant de la distribution des capillaires à la face interne de la deuxième membrane fibreuse, on remarque une couche colorée en jaune safran. Cette couche jaunâtre, examinée au microscope, est composée entièrement de capillaires sanguins de nouvelle formation, mais à l'état de régression, c'est-à-dire que le sang s'y était coagulé, et par le progrès de la décomposition, réduit en granulations moléculaires donnant cette coloration jaunâtre dont nous avons parlé précédemment. Cette matière jaunâtre, examinée au microscope, se présente sous forme de granulations moléculaires réfractant la lumière en jaune plus intense que celle des granulations graisseuses. Parmi ces granulations, on reconnaît une grande proportion de globules rouges du sang à différents états d'altération, mais parfaitement reconnaissables; de sorte que l'étude attentive de cette matière granuleuse conduit à l'évidence qu'elle est le produit du sang décomposé dans l'intérieur des vaisseaux. Cette évidence ressort non-seulement de la constatation de tous les états possibles d'altération des globules sanguins, mais aussi de la constatation de l'héma-toïdine au moyen de l'éther sulfurique, ainsi que d'autres principes cristallisables du sang, comme la cholestérine par exemple.

« Sur le trajet des capillaires sanguins ainsi altérés et renfermant cette matière granuleuse, on remarque de petits groupes de cristaux de carbonate et de phosphate de chaux et de magnésie. La constatation de ces sels est des plus faciles; il n'y a qu'à ajouter à la préparation microscopique une goutte d'acide sulfurique pour voir se dégager immédiatement des bulles de gaz acide carbonique et se former des cristaux caractéristiques de sulfate de chaux et de magnésie. Ces petites masses calcaires se trouvent disséminées partout où il existe des capillaires à l'état de régression. Elles se trouvent tantôt appendues à la paroi des capillaires sanguins, tantôt disséminées entre eux.

« L'étude que nous avons faite de toute la surface interne du grand kyste nous a permis de constater un fait qui nous paraît offrir une certaine importance non-seulement au point de vue pathologique, mais aussi au point de vue de l'anatomie et de la physiologie. Ce fait est que dans les kystes de cette nature, il y a production constante de nouveaux resseaux de capil-

laires sanguins et simultanément régression d'autres. Cette régression se
fait de trois manières différentes : la première est l'atrophie des capillaires
sanguins déterminée par l'incrustation abondante et successive de ses parois par des carbonates et des phosphates de chaux et de magnésie. Le
dépôt de ces sels calcaires commence par de petites granulations moléculaires très-brillantes, mesurant de 1 à 3 millièmes de millimètre de diamètre, lesquelles granulations continuant à s'accumuler successivement dans
la paroi des capillaires, arrivent à former des masses parfaitement visibles à
l'œil nu, et qu'on peut sentir en promenant les doigts sur la surface interne
du kyste. Les anciennes anses vasculaires sont ainsi substituées par le dépôt
des sels calcaires.

« Le second mode d'atrophie des capillaires sanguins est encore une substitution, mais une substitution faite par un tissu qui peut continuer à vivre,
à s'accroître et à donner lieu à de nouvelles productions pathologiques. Ce
fait, qui nous paraît très-important au point de vue de la physiologie et de
la pathologie, est la substitution fibreuse des capillaires. En parcourant la
surface interne du grand kyste, nous avons pu aisément suivre tous les degrés de cette substitution et reconnaître une identité parfaite d'évolution
avec d'autres substitutions qui ont été étudiées et signalées par des observations très-compétentes : nous voulons parler plus spécialement de l'oblitération fibreuse des villosités placentaires signalée pour la première fois
par M. le professeur Ch. Robin dans une note lue à la Société de biologie
le 26 août 1854.

« Pour notre propre compte, nous avons eu déjà plusieurs fois l'occasion
d'observer de ces substitutions fibreuses des capillaires sanguins, non-seulement dans le placenta, mais aussi dans le péritoine et dans des tumeurs
fongueuses du bas-fond de la vessie et des méninges. Il y a donc, dans le
cas en question, une véritable oblitération fibreuse des capillaires sanguins.

« Le troisième mode de régression des capillaires sanguins est l'infiltration athéromateuse des parois. Dans ce cas il se dépose successivement sur
la paroi des vaisseaux une grande quantité de granulations graisseuses jusqu'au point d'empêcher complétement la circulation dans la plupart des

petites branches qui s'oblitèrent. La paroi des capillaires disparaît petit à petit par l'invasion de la matière athéromateuse, et en dernier lieu il ne reste qu'une masse jaunâtre conservant la forme primitive des végétations capillaires.

« *Couche épithéliale.* — Cette membrane, admise par les auteurs qui se sont occupés de l'histologie pathologique des kystes de l'ovaire, n'est pas constante, et surtout, quand elle existe, n'est pas continue. Nous l'avons cherchée avec un soin extrême, mais vainement, à la surface interne du grand kyste représenté dans notre planche. Cette surface était lisse, unie, nacrée, entièrement formée par une trame très-serrée de tissu fibreux, parcourue par des capillaires sanguins très-abondants et se terminant en houppe, comme nous l'avons indiqué précédemment, mais nullement revêtue sur aucun point par de l'épithélium. Cette disposition était tellement évidente, que nous avons cru un moment pouvoir nier l'existence de la membrane épithéliale ; mais l'étude consécutive que nous avons faite sur l'évolution des kystes nous a démontré que la couche épithéliale existe en effet, quoiqu'elle ne soit pas continue dans toute la surface du kyste. La forme de cet épithélium est, en général, la forme pavimenteuse ; et, chose digne de remarque et qui nous a frappé nous-même, nous avons trouvé à la surface interne des petits kystes un grand nombre de cellules épithéliales prismatiques à cils vibratiles ; cellules que nous avons dessinées fidèlement et qui se trouvent indiquées fig. 3, pl. II.

« Ces cellules vibratiles ne forment pas une couche à proprement parler ; elles se trouvent en petits groupes de trois à six cellules mélangées à l'épithélium pavimenteux. L'élément épithélial est plus facile à être constaté au niveau des endroits où se trouvent les anses capillaires terminales, c'est-à-dire à la surface interne des kystes, mais surtout des petits kystes ne dépassant pas le volume d'une noix.

« *Nerfs.* — A la surface externe du grand kyste nous avons trouvé quelques filets nerveux, plus particulièrement au voisinage des gros troncs vasculaires. L'existence de ces filets nerveux ne peut présenter aucun intérêt, attendu que ce sont sans doute les nerfs qui se distribuent à l'état normal dans l'appareil de la génération.

« Les kystes par eux-mêmes n'en possèdent point; ou en d'autres termes, nous n'avons pas pu constater l'existence d'aucun élément nerveux à la surface interne, soit des grands kystes, soit des petits.

« *Nature des kystes.*—Nous avons étudié avec un soin tout particulier les autres kystes de la pièce pathologique en question, et nous avons constaté l'existence de deux espèces distinctes de kystes par rapport à leur structure histologique.

« Les uns sont constitués par une membrane fibreuse, très-fine, très-résistante, demi-transparente, fermée de toutes parts, et contenant un liquide très-limpide ou légèrement coloré en jaune. Le kyste adhère aux tissus sur lesquels il repose, au moyen d'un peu de tissu conjonctif lâche, dont la quantité varie d'un kyste à un autre. En général la partie adhérente du kyste est entourée par un resseau de capillaires sanguins, souvent très-riche, et lequel donne des ramifications plus fines, qui se distribuent en toutes directions à la périphérie du kyste (fig. 4, pl. II). Le liquide contenu dans cette espèce de kystes, examiné au microscope, est limpide ou légèrement jaunâtre; il contient en suspension un certain nombre de granulations graisseuses et de globules sanguins ratatinés, ce qui nous fait croire que la coloration jaunâtre est due à l'hématosine des hématies qui s'y trouvent altérés et suspendus dans le liquide. L'application des réactifs, comme l'alcool et les acides, permet de constater la présence d'une grande quantité d'albumine. Il est également facile de constater la présence du chlorure de sodium, des carbonates et des phosphates de chaux et de magnésie ; seulement, il nous a été impossible de préciser la proportion de ces principes.

« Les kystes de cette espèce offrent très-souvent à leur périphérie le phénomène de leur multiplication par le mode de *gemmation ou surculation;* c'est-à-dire que quand ils sont au-dessous du volume d'une noisette, et même plus tard, on peut constater à l'aide du microscope à dissection un certain nombre de petites vésicules ou ampoules partant de la périphérie du kyste principal, et communiquant avec sa cavité par un collet qui se rétrécit de plus en plus à mesure que le nouveau kyste ou vésicule s'élargit. Dans une pièce pathologique comme celle représentée par notre dessin, il est rare de ne pas trouver un nombre suffisant de kystes, capable de permettre l'étude de tous les échelons de leur multiplication et de leur développement successif.

« L'autre espèce de kystes est celle qui nous paraît la plus intéressante, en ce sens que nous croyons qu'elle n'a été indiquée par personne au moins au point de vue de l'histologie, et qu'elle se rencontre aussi dans d'autres organes. Ces kystes sont formés d'une membrane fibreuse, mince, demi-transparente, très résistante, fermée de toutes parts, et ayant un contenu tout différent de celui que nous avons décrit précédemment. Pour bien les étudier, il faut choisir des kystes ne dépassant pas le volume d'un petit pois; on les immerge dans une petite quantité d'eau distillée contenue dans un verre de montre, ou simplement sur une bande de verre, et on les examine à un faible grossissement. Le kyste présente alors l'aspect d'une mûre ou d'une framboise ; seulement, les vésicules sont d'un volume inégal... En le retournant au moyen des aiguilles à dissection, on s'aperçoit que les divers vésicules qui composent le kyste sont renfermées dans une membrane commune, et qu'elles roulent facilement dans la cavité en leur imprimant de légers mouvements. Ces petits corps inclus sont de volume et de formes variables, comme on peut le voir dans la figure représentant à un faible grossissement l'aspect d'un des kystes que nous décrivons (fig. 5, pl. II).

« Une fois déchirée la membrane d'enveloppe commune, il s'échappe de la cavité du kyste un grand nombre de petits corps d'aspect gélatiniforme, quelques-uns presque transparents, d'autres finement granuleux. La forme de ces corps est en général sphérique ou ovalaire, souvent déprimée dans un sens, et tantôt ils sont simples, tantôt ils présentent d'autres corps à l'état d'inclusion, ou adossés à leur périphérie (fig. 6, pl. II).

« Nous regrettons beaucoup de ne pouvoir pas donner dans ce moment-ci des détails précis sur la composition chimique de ces petits corps contenus dans la deuxième variété des kystes que nous décrivons, car nous comptions pouvoir en faire d'autres recherches avant la publication de ce travail ; mais pour le moment nous pouvons avancer que ces petits corps contiennent une grande proportion d'albumine, du chlorure de sodium, et quelques granulations calcaires, probablement des carbonates.

« Ces petits corps mis en contact avec de l'eau distillée, se ramollissent facilement et en sont en partie dissous. L'alcool et les acides faibles les rendent très-granuleux en coagulant leur surface. Leur multiplication a lieu de deux modes différents, c'est-à-dire par le mode de multiplication endogène, et par interposition, naissant de toutes pièces parmi les éléments préexistants. Dans le premier cas on voit dans l'épaisseur de chaque corpuscule bien développé, une ou plusieurs petites masses (fig. 6, pl. II) presque transparentes, sphériques ou ovalaires, lesquelles grandissent successivement à mesure qu'elles approchent de la périphérie du corpuscule contenant, pour devenir libres ensuite. Dans le second cas, on remarque parmi les corpuscules simples ou multiples des petites masses libres, identiques à celles que nous venons de décrire à l'état d'inclusion, et présentant des volumes variables suivant l'état de leur développement (fig. 6, pl. II).

« Nous avons dit précédemment que nous avions eu déjà occasion d'observer la formation de ces kystes à corpuscules inclus et multiples ailleurs que dans les ovaires. En 1861 nous avons étudié un corps thyroïde très-volumineux trouvé sur un cadavre de femme à l'amphithéâtre de Clamart. L'organe présentait à la coupe un aspect gélatiniforme très-remarquable ; il était creusé d'un grand nombre d'aréoles ou cavités remplies par une substance rougeâtre gélatiniforme différemment consistante dans les aréoles. Les masses les plus compactes, examinées au microscope, étaient composées en totalité de ces corpuscules multiples que nous venons de décrire dans les petites kystes des ovaires et des trompes. La coloration rouge était due à la présence de l'hématosine, provenant de la décomposition d'un grand nombre de globules sanguins, qui se trouvaient mêlés à la substance des corpuscules, et encore parfaitement reconnaissables.

« *Ovaires.* — Les deux ovaires sont sains ; celui du côté droit, comme on le voit (pl. Ire OD) est à l'état d'intégrité complète ; celui du côté opposé l'est également, quoique de prime abord on soit porté à croire que le grand kyste en dérive. Vers l'extrémité externe de cet organe on voit, en effet, une sorte d'expansion fibreuse (E) qui relie l'ovaire au grand kyste ; mais en examinant attentivement les relations, nous sommes arrivé à l'isoler des parois de ce dernier et à reconnaître que le parenchyme de l'ovaire était entièrement sain, c'est-à-dire libre de kystes. La surface de ces deux organes examinée avec soin ne présente rien d'anormal ; on peut même apercevoir quelques anciennes cicatrices de corps jaunes.

« *Trompes.* — La trompe du côté droit est saine en elle-même, ou du moins ses parties les plus importantes, comme le pavillon et la cavité ; le premier est absolument à l'état normal ; la cavité contient une certaine quantité de mucosités transparentes ; sa surface est lisse, revêtue par la membrane épithéliale et libre de kystes. A la partie externe de la trompe, on voit six petits kystes (pl. I, 1, 2, 3, 4, 5, 6) placés sur le trajet de cet organe, y adhérant au moyen d'une trame de tissu fibrillaire ou conjonctif, et entourés par un réseau de capillaires sanguins très-fins, facilement visibles à un grossissement faible de 50 diam. Relativement à la structure de ces petits kystes, nous renvoyons à la description que nous avons donnée précédemment des différents kystes réputés ovariques ; seulement, nous ferons remarquer ici que ceux de notre planche marqués des n°s 2, 3 et 5 représentent nettement le mode de multiplication par *gemmation ou surculation* dont nous avons parlé ailleurs en faisant l'histologie de ces kystes.

« La trompe gauche, sans avoir subi des changements très-notables de structure, sauf l'oblitération de sa cavité, s'est allongée considérablement, à tel point qu'elle entoure plus de la moitié de la surface du grand kyste, et son pavillon parfaitement reconnaissable (P. G) n'est séparé de l'ovaire (O. G) que par une distance de 5 cent.

« On remarque ici entre l'ovaire et la trompe, étalés sur la surface du grand kyste, trois autres (7, 8 et 9) petits, dont les détails de structure ont été donnés précédemment.

« *Utérus*. — L'utérus, avant d'être fendu, ne paraissait pas malade, car ni le volume, ni la forme, ni l'orifice externe du col n'indiquaient aucun changement pathologique. Nous l'avons coupé dans le sens de son axe, et à notre grande surprise, nous avons trouvé que la cavité utérine était remplie par une masse grosse comme une noix, entièrement formée par un nombre infini de kystes pressés les uns contre les autres. Le volume de ces kystes était très-variable au-dessous de celui d'un gros pois ; leurs parois étaient formées par du tissu fibrillaire ou conjonctif, et reliées ensemble par le même tissu, qui sur certains points était du véritable tissu fibreux à cause de sa condensation. Le liquide contenu dans ces petits kystes était gélatiniforme, plus ou moins épais, incolore quelquefois, d'autres jaunâtre ou rouge. Le premier, examiné au microscope, présentait quelques globules blancs, très-granuleux, en suspension et quelques débris de globules rouges du sang, devenus complétement transparents et très-ratatinés. Les liquides colorés en jaune et en rouge devaient certainement leur coloration à la présence de l'hématosine ; on rencontrait en suspension dans le liquide un très-grand nombre de globules sanguins à différentes périodes d'altération, et de petites masses rougeâtres formées par l'agglomération des granulations d'hématosine amorphe, cristallisant d'une manière caractéristique par l'application de l'éther sulfurique.

« La présence de cette masse kystique dans la cavité même de l'utérus et fortement adhérente au fond de l'organe, nous paraît digne de remarque, car dans l'intéressant travail de M. Huguier que nous citons ailleurs, cet observateur affirme n'avoir rencontré cette altération que dans la cavité du col, remontant quelquefois un peu vers la cavité utérine, mais reconnaissant pour point de départ le développement pathologique des glandes du col, connues sous la dénomination d'*œufs de Naboth*. Ici, au contraire, la cavité du col était tout à fait libre et normale, le bouchon muqueux de

l'orifice externe existait, et ce n'est qu'après que le dessin de la pièce a
été terminé que nous avons fendu l'utérus et reconnu que le col était normal, tandis que la cavité utérine seule englobait la masse kystique que nous
avons décrite précédemment.

« *Liquide du grand kyste.* — Le kyste contenait 480 grammes d'un liquide épais, d'une coloration verdâtre. Nous n'avons pu en faire qu'une
analyse incomplète en ce sens que nous ne pouvons pas indiquer ses quantités ; mais nous avons pu constater la présence des substances suivantes :

Eau,

Une grande proportion d'albumine,

Des globules du sang altérés,

De l'hématosine,

Chlorure de sodium,

Carbonate et phosphate de chaux et de magnésie,

Une grande proportion de cristaux de cholestérine.

ORIGINE DES KYSTES.

« Kiwish, dans son *Traité des maladies des ovaires*, a résumé les opinions
des auteurs qui se sont occupés de l'étude des kystes, et les a classés sous
trois chefs :

« 1° Kystes provenant de l'altération et de la dilatation des vésicules de
Graaf ;

« 2° Kystes provenant d'une formation nouvelle au milieu d'un blastème
pathologique, par multiplication endogène de cellules et des noyaux ;

« 3° Kystes provenant d'une formation nouvelle au milieu d'un blastème
pathologique et présentant d'emblée la forme des vésicules.

« Les limites que nous avons assignées à ce travail ne nous permettent pas
de discuter longuement ces différentes opinions. Nous allons les énoncer
simplement, et nous ferons à la suite de chacune d'elles quelques réflexions
qui contribueront, peut-être plus tard, à l'éclaircissement de cette question si débattue. Presque tous les auteurs ont considéré les vésicules de

Graaf dilatées pathologiquement comme étant l'*initium* des kystes de l'o-
vaire ; Rokitanski a cru voir, en faisant l'examen d'un kyste ovarien, les
éléments de la vésicule de Graaf et même l'ovule, mais il a soin d'ajouter
une série d'altérations de forme et autres, des éléments anatomiques qu'il
avait cru reconnaître ; de telle façon qu'après la lecture de cette observation,
on est plus qu'avant porté à douter de l'origine réelle du kyste. Ainsi, dit-il,
les ovules paraissaient ramollis, opaques et facilement isolables. Dans la
plupart des cas, la zone pellucide avait perdu la netteté de son bord externe,
et la vésicule germinative avait disparu dans toutes. Or nous nous de-
mandons comment a-t-on pu reconnaître des ovules dans des éléments
anatomiques privés justement des caractères spécifiques qui les distinguent ?

« Suivant Scanzoni, le point de départ de cette augmentation de liquide
dans la vésicule de Graaf serait presque toujours due à une hyperémie
plus ou moins prolongée des ovaires, hyperémie qui se communique-
rait aux parois des vésicules, et serait ainsi la cause de l'hypersécrétion
qui a lieu à la surface interne ; mais, ajoute-t-il, pour que le liquide
ainsi sécrété puisse demeurer dans la vésicule de Graaf, il faut que la
rupture des parois de cette dernière soit rendue impossible par l'hyper-
trophie. Si cela n'avait pas lieu, l'hyperémie en question et l'amas de liquide qui en résulte, amèneraient toujours une rupture de la vésicule
comme il arrive dans la menstruation.

« Tout en rendant justice au talent du savant professeur de Wurzbourg,
nous ne pouvons pas nous empêcher de voir dans cette explication autre
chose qu'une hypothèse habilement conçue, mais d'un contrôle très-difficile. On conçoit sans peine que pour pouvoir affirmer que le point de
départ des kystes ovariens réside dans les vésicules de Graaf, plusieurs
choses sont nécessaires :

« 1° Trouver des ovaires à kystes multiples, lesquels se trouvant nécessairement à différentes périodes d'évolution, permettraient à l'observateur
de suivre presque pas à pas les phases diverses de transformation subies
par la vésicule de Graaf.

« 2° Trouver des vésicules normales à côté des vésicules pas trop altérées par la maladie, de manière à pouvoir vérifier à l'aide du microscope leur identité, car nous croyons que c'est bien ici qu'existe le nœud de la difficulté. Il ne s'agit pas seulement de constater la présence de certains éléments anatomiques ressemblant plus ou moins aux épithéliums de la couche interne de la vésicule de Graaf, connue sous la dénomination de *membrane granuleuse ;* il s'agit principalement d'établir d'une manière non douteuse la présence de l'*ovule* dans l'intérieur du kyste qui commence à se développer. Nous avons toujours pensé qu'un élément anatomique aussi délicat que l'ovule ne pourrait pas résister sans se détruire à une macération prolongée dans le liquide d'un kyste, et soustrait à toutes les conditions physiologiques qui sont nécessaires à son existence et à la constatation de sa présence. Cette difficulté doit se présenter nécessairement du moment que les kystes ovariens ont dépassé un volume triple ou quadruple de celui des vésicules de Graaf les plus volumineuses à l'état physiologique (1).

« 3° Démontrer que l'ovaire est le siége exclusif de ces kystes ou d'autres kystes ayant des caractères déterminés et toujours constants. Or, la pièce pathologique représentée dans notre dessin, ainsi que d'autres que nous avons eu l'occasion d'examiner, nous ont démontré que les mêmes kystes observés dans le stroma même de l'ovaire se rencontrent également sur le trajet des trompes, sur la surface péritonéale de l'utérus, dans les ligaments larges, etc. — D'un autre côté, si l'on considère le nombre infini de vésicules ou cellules qui constituent les kystes multiloculaires, ainsi que la multiplication prodigieuse des petites cavités qui forment les kystes aréo-

---

(1) Cette manière de voir, contraire en apparence à l'opinion d'observateurs très-respectables et dignes de foi, comme M. Kiwisch, se trouve cependant d'accord, au fond de la chose, c'est-à-dire la difficulté ou l'impossibilité de constater la présence de l'ovule dans les kystes même d'un très-petit volume. M. Kiwisch s'exprime ainsi : « Selon nous, un des modes les plus fréquents de la formation des kystes dépend d'une simple dilatation du follicule de Graaf. Il y a des cas dans lesquels il ne peut pas y avoir de doutes de ce mode d'origine, puisque dans le même ovaire nous voyons des follicules qui présentent une augmentation progressive près d'autres qui conservent encore leur volume normal. Au commencement de l'affection on peut les séparer du stroma environnant sous forme de sac-clos ; mais autant que nous l'avons observé, on ne peut pas découvrir d'*œuf même dans la première période de la maladie.* »

laires, on ne saurait pas admettre que le point de départ des kystes réside dans les vésicules de Graaf, dont le nombre, en tout cas, serait de beaucoup inférieur à celui des petites poches qu'on observe dans ces deux espèces de kystes.

« A part les auteurs que nous venons de citer, MM. Velpeau, Cruveilhier, Négrier, Hirtz et Huguier en France, Paget, Farre, Hodgkin et d'autres à l'étranger ont soutenu l'opinion de la formation des kystes ovariens aux dépens des vésicules de Graaf.

« Nous n'avons nullement la prétention de nier d'une manière absolue ce mode d'origine des kystes ovariens ; seulement nous invoquons les résultats négatifs des études que nous avons faites sur ces kystes, ainsi que les raisons d'analogie et d'induction histologiques très-nombreuses, du reste, pour engager d'autres observateurs plus habiles que nous à poursuivre la détermination du siége anatomique, et le mode de formation de cette production pathologique.

« 2° *Kystes par formation endogène.* — M. Paget est un des auteurs déjà cités qui parlent de ce mode de formation, et il les assimile même à certains kystes des reins qu'il a eu occasion d'examiner. Pour notre compte, nous avons constaté que les kystes peuvent naître de toutes pièces et se multiplier par formation exogène ou gemmation, comme nous l'avons fait remarquer dans la description de la pièce pathologique que nous avons dessinée. Nous avons signalé en même temps l'existence de certains kystes *à corpuscules multiples*, corpuscules solides ou demi-solides, en général, de beaucoup plus volumineux que les cellules les plus volumineuses de nos tissus, y compris l'ovule, et se multipliant par formation endogène (pl. II, fig. 6. 6′). Il se peut bien que ce dernier genre de kystes soit le point de départ des gros kystes multiloculaires. Nous n'avons pas assez multiplié nos recherches sur leur développement pour pouvoir l'affirmer; nous nous contentons de les signaler à la perspicacité des observateurs, dans l'espoir que de nouvelles recherches viendront établir définitivement la valeur de ce point important de la pathologie des kystes de la cavité pelvienne.

« 3° *Kystes formés d'emblée sous forme de vésicules.* —Cette variété se ren-

contre très-souvent, surtout dans l'épaisseur des ligaments larges, où elle
peut être observée presque à tous les âges chez la femme. Nous avons vu
un grand nombre de pièces dans lesquelles il était facile de suivre cette formation de vésicules uniques au moyen du microscope à dissection, depuis
un diamètre de 6 à 7/10 de millimètre, jusqu'au volume d'un petit pois.

« Il y a d'autres vésicules uniques ou petits kystes à long pédicule qui ont
été très-bien observés et décrits principalement par M. Velpeau. Nous avons
rencontré dans nos notes trois observations de ces vésicules transparentes à
pédicule très-long, dont l'une provenait du péritoine d'une femme âgée, et
était attachée au gros intestin, et les deux autres aux ligaments larges de deux
autres sujets. L'examen microscopique nous a démontré que le long pédicule de ces kystes était formé par des capillaires sanguins non perméables,
et assez volumineux pour pouvoir reconnaître des fibres musculaires de la
vie organique, et tous les autres éléments qui entrent dans leur composition. Le pédicule contient, en général, trois ou quatre branches capillaires
entourées par une tunique adventice fibrillaire ou conjonctive commune et
assez épaisse ; à l'extrémité du pédicule, nous trouvons une vésicule dilatée
par un liquide transparent qui ne peut être autre chose, à notre avis, qu'une
anse capillaire dilatée, de la même manière et par le même mécanisme
qui préside à la dilatation des villosités choriales, et qui constitue plus
tard les môles hydatiques, et l'hydropisie de certaines villosités placentaires.

« Nous ferons remarquer en dernier lieu que la formation de vésicules
d'emblée dans l'économie a lieu dans certaines circonstances pathologiques
d'une manière qu'on ne peut révoquer en doute. Il a été question, dans ces
dernières années, d'une certaine espèce de tumeurs décrite pour la première fois par M. le professeur Ch. Robin, et connue aujourd'hui sous la
dénomination de *tumeurs hétéradéniques*. L'une des variétés de ces tumeurs
est constituée exclusivement par des vésicules de formes et de dimensions
très-variables, lesquelles se multiplient infiniment de deux manières différentes : par gemmation ou surculation et par interposition, c'est-à-dire
par naissance de toutes pièces parmi les éléments préexistants.

« On peut voir, d'après ce qui précède, que les deux dernières opinions émises par les auteurs que nous avons cités sont soutenables, quant à la formation et au développement des kystes. Relativement à la première, c'est-à-dire à celle qui assigne les vésicules de Graaf comme point de départ des kystes, nous persistons dans notre réserve, espérant que d'autres observateurs trancheront définitivement cette question. »

VARIÉTÉS DES KYSTES DE L'OVAIRE.

Au point de vue de la structure, nous pouvons considérer les kystes de l'ovaire divisés en deux grandes classes :

1° Kystes uniloculaires ;

2° Kystes multiloculaires.

Au point de vue de leur contenu, nous les rangerons en trois classes :

1° Kystes à liquide séreux ou ascitique ;

2° Kystes à liquide filant ou gélatineux ;

3° Kystes à contenu solide ou semi-solide.

I. *Kystes uniloculaires.*

Cette variété est la plus rare ; elle consisterait dans la dilatation d'une seule vésicule de Graaf, leur accroissement est lent et ils dépassent rarement le volume d'une tête d'adulte. Ils présentent une forme régulière, arrondie ou ovalaire, sans adhérences aux parties environnantes. Si on les rencontre rarement dans la pratique, cela tient, dit M. Baker Brown, à ce que les malades ne s'en aperçoivent que lorsque la tumeur a pris un développement considérable, et, à ce moment, le kyste simple a perdu son caractère pour devenir kyste multiloculaire. Quand ces kystes sont volumineux, il est fréquent d'observer un prolongement séparé de la poche principale par une dépression qui correspond au détroit supérieur du bassin.

Leur contenu est le plus souvent de la sérosité citrine, claire, ressemblant au liquide ascitique ; dans quelques cas cependant (et la pièce que nous

avons fait dessiner en était un exemple), un liquide albumineux, collant à
la manière d'une forte solution de gomme peut remplir les kystes uniloculaires.

Leur structure doit varier suivant le point où ils ont pris naissance ; si
c'est dans l'ovaire, ils auront des enveloppes fibreuses, résistantes qu'ils
devront à cet organe, une couche péritonéale hypertrophiée, et enfin dans
quelques cas, une couche épithéliale interne. La disposition des vaisseaux
est très-bien décrite par M. Ordoñes dans la note qu'il nous a commu-
niquée. Si les kystes sont extra-ovariques ou développés dans les vestiges
du corps de Wolff, ce qui doit être le cas le plus commun pour les kystes
uniloculaires, alors leurs enveloppes doivent naturellement présenter une
épaisseur moins considérable, et ceci serait d'accord avec l'opinion émise
par M. Hirtz, qui pense que l'épaisseur des parois est en raison directe du
volume de la tumeur. Leur couche interne sera formée de cellules très-
régulièrement arrondies à contours nets, transparents et sans granulations
intérieures, renfermant un noyau très-visible sans le secours de l'acide acé-
tique, caractères spéciaux des cellules épithéliales qui revêtent la face interne des canaux glandulaires de l'organe de Wolff (1).

II. *Kystes multiloculaires.*

M. Paget (2) explique la formation de ces kystes par le développement
simultané de plusieurs vésicules de Graaf, pressées les unes contre les
autres et ayant une enveloppe générale formée par la membrane propre de
l'ovaire ; ces différentes loges peuvent communiquer entre elles, ou bien
rester séparées par une membrane fibreuse, ce qui est le cas le plus rare.
Autre variété de kystes multiloculaires appelés kystes prolifères, aurait
pour origine, non pas cette juxtaposition, mais seraient contenus dans
d'autres plus volumineux et développés par endogène sur la membrane
interne.

(1) Thèse de M. Follin.
(2) *Lectures on surgical pathologie,* 1863, p. 416

D'autres fois, une cavité principale contient dans son intérieur un grand
nombre de petites poches qui nagent dans le liquide qui la remplit. C'est
là un autre mode de formation des kystes multiloculaires qui n'a pas encore
été bien étudié. (Voir la note de M. Ordoñez.)

Nous rangerons dans ce même chapitre les kystes aréolaires, car au
point de vue où nous nous plaçons, on peut les considérer comme multiloculaires. Ce sont des loges plus petites remplies de liquide gélatineux
communiquant entre elles ou séparées par des cloisons formées par deux
lames de tissu fibreux très-résistant, et demi-transparent, présentant l'aspect d'une ruche à miel. Une autre forme de kyste aréolaire observée par
M. Cruveilhier, serait le développement endogène du tissu aréolaire dans
un kyste multiloculaire à grandes loges. « Ici, de la face interne de la
poche naissent des végétations sphéroïdales plus ou moins considérables,
d'un volume variant entre celui d'une aveline et celui d'une grosse pomme
de reinette, à structure aréolaire ; dans une partie de leur étendue, les
parois du kyste présentent elles-mêmes, dans leur épaisseur, une sorte
de gâteau aréolaire représentant assez bien la forme et l'aspect du placenta (1). »

Un grand nombre d'auteurs considèrent les kystes aréolaires comme une
variété de cancer, et nous reproduisons une observation de M. Spencer
Wells qui viendrait à l'appui de cette opinion.

Enfin, les cavités des kystes multiloculaires peuvent contenir des matières de différente nature et consistance très-variable comme nous verrons dans un instant.

Il est une dernière division des kystes de l'ovaire qui offre la plus grande
importance au point de vue pratique. Nous voulons parler de la distinction
à établir suivant que le contenu du kyste est séreux, ou filant, gélatineux,
ou enfin qu'il est plus épais encore, solide ou demi-solide.

1) Cruveilhier, *Anat. pathol. du corps humain*, liv. 25, texte de la planche 1.

I. *Kystes séreux.*

I. Les kystes peuvent donc être remplis d'un liquide séreux. Cela se rencontre de préférence dans les kystes uniloculaires, et on l'observe quelquefois dans les kystes multiloculaires. Mais là ne se bornent pas les particularités à enregistrer. En effet, de séreux qu'il était le liquide pourrait se transformer en liquide gélatineux, hématique ou purulent. De plus, après avoir été hématique, le liquide peut reprendre les caractères de la sérosité. Cette modification ne se voit presque jamais dans le cas de liquide gélatineux ; pourtant, quoique elle ait été niée, la science en possède des faits authentiques. Voici le langage de M. Cruveilhier sur ce point : « Il est rare de voir un liquide, filant à la première ponction, devenir séreux aux ponctions suivantes. » Mais enfin pour être rare le fait n'est pas impossible. « Enregistrer avec soin cette affirmation, venant d'un observateur aussi rigoureux, aussi consciencieux que M. Cruveilhier, cette assertion a une grande valeur, et nous verrons plus loin qu'elle peut fournir des indications précieuses pour le traitement de ces tumeurs. » Telle est l'opinion de M. Bouchet, auquel nous avons emprunté de nombreux détails anatomopathologiques (Mémoire, Paris, 1859).

Telles sont les modifications que peuvent présenter les kystes séreux.

II. *Kystes gélatineux.*

Quant aux kystes gélatineux ou filants, ils sont plus fréquents dans les kystes multiloculaires : et toutes ces variétés nombreuses, de cloisons, d'aréoles, de kystes distincts, c'est avec cette espèce de liquide qu'on les observe le plus ordinairement. Le liquide gélatineux offre de grandes variétés de consistance, depuis le liquide filant jusqu'à l'apparence d'albumine coagulée se détachant en morceaux séparés. Avec ce liquide, ordinairement les kystes ont de la tendance à contracter des adhérences et des inflammations suppuratives. C'est donc une espèce fort dangereuse à tous égards; soit pour la ponction qui devient souvent inutile et périlleuse, soit pour la pratique des injections dont les résultats sont le plus souvent déplorables.

Dans certains cas, les différentes poches d'un kyste peuvent être remplies par des liquides de nature différente. C'est là un point fort important dans l'étude que nous poursuivons en ce moment.

III. *Kystes solides ou demi-solides.*

Reste à parler des liquides plus ou moins épais ou semi-solides. Ils peuvent se composer de matières grasses, mélicériques, ressemblant à du beurre, à de la pommade, dans lesquels on peut rencontrer des poils dispersés dans cette matière onctueuse ou adhérents à la paroi du kyste. D'autres fois le kyste contient du sang coagulé plus ou moins épais, plus ou moins consistant. Dans d'autres cas on rencontre des masses cancéreuses, encéphaloïdes, colloïdes, fibreuses, fibroplastiques, etc., etc.

Le plus ordinairement ces kystes composés de matières solides, ont des parois altérées par les mêmes éléments pathologiques. Le tissu fibreux très-condensé, d'aspect cartilagineux d'une épaisseur considérable et variable dans les différents points, est le tissu de prédilection de la poche kystique.

Nous ne nous dissimulons pas tout ce qu'a d'arbitraire la division que nous adoptons, comprenant dans une même classe des tumeurs d'origine bien différente et plus variables encore quant à leurs caractères anatomiques; mais un but pratique nous a guidé dans ce travail, et nous croyons notre division acceptable à ce point de vue.

Quatre analyses des liquides contenus dans les kystes de l'ovaire;
Par le docteur FARRE.

	N° 1, couleur jaune paille alcaline, gr. sp. 1018.	N° 2, couleur noire bourbeuse neutre, gr. sp. 1017.	N° 3, semblable à du blanc d'œuf, alcaline.	N° 4, jaune paille, contenant des flocons, semblables à des perles ou à des écailles.	N° 5, analyse du sérum du sang par comparaisons.
1° Eau..................	190,9	190,70	195,2	187,7	181,2
2° Albumine avec traces de matière grasse......	4,1	4,25	1,8	7,6	16,5
3° Albumine en solution (albuminate de soude).....	3,7	3,62	1,1	4,0	0,4
4° Chlorures alcalins et sulfates, avec carbonate de soude, résultant de la décomposition des albuminates..................	0,8	0,78	1,2	»	1,6
5° Matière extractive soluble dans l'eau et l'alcool.	0,4	0,45	0,5	0,5	0,3
6° Chlorure de sodium avec carbonate, résultant du lactate de l'extrait alcoolique..................	0,1	0,20	0,2	0,2	»
Totaux..............	200,0	200,00	200,0	200,0	200,0

Ainsi, en outre que l'albumine, le liquide ovarien contient plusieurs sels alcalins et particulièrement de l'albuminate de soude.

ÉTIOLOGIE.

On a peu de renseignements sur les causes qui peuvent déterminer le développement des kystes de l'ovaire ; c'est dans Scanzoni que nous avons trouvé les documents les plus précis à cet égard.

Le premier fait qui frappe l'attention, c'est la fréquence de cette maladie. Sur 1823 cas gynécologiques, 97 sont des tumeurs de l'ovaire. Sur 41 dont Scanzoni a pu faire l'autopsie, il a trouvé 25 kystes simples ou composés. Le rôle physiologique important de ces organes, explique jusqu'à un certain point la fréquence de leurs affections.

Quant au *siége* à droite ou à gauche les opinions sont contradictoires, mais d'après les statistiques il paraîtrait que l'ovaire droit est plus fréquemment affecté.

Sur 349 cas fournis par Lee, Scanzoni et Chereau, on trouve

> 173 fois pour l'ovaire droit.
> 136 — — gauche.

Bloff cité par M. Velpeau a trouvé sur 54 cas

> 31 fois pour l'ovaire droit.
> 23 — — gauche.

Pour ce qui est de *l'âge*, il est certain que leur développement coïncide avec la période d'activité des organes sexuels. Sur 457 cas de Scanzoni, Chereau et Lee, l'affection a été observée

> 283 fois entre 17 et 40 ans.

D'après M. Bauchet, on ne trouve que trois cas de kyste ovarique mentionnés avant 17 ans (observations de M. Cruveilhier). M. Baker Brown cite un cas survenu à 11 ans (1), et avant que la menstruation fût établie.

Quant à l'influence des *fonctions sexuelles*, Lee a trouvé sur 136 malades

> 88 mariées,
> 37 célibataires,
> 11 veuves.

Scanzoni de son côté cite 97 cas dont

> 45 mariées,
> 45 célibataires,
> 7 veuves (dont 5 stériles).

> (51 de ces malades n'avaient pas eu de conception,
> (16 étaient vierges.

C'est d'après cette statistique que Scanzoni conclut qu'une abstinence

(1) *Tables de Clay*, p. 84, cas 58. — Dans ce même tableau, on trouve signalés plusieurs cas de ce genre.

complète de plaisirs vénériens, et l'absence de la conception sont jusqu'à un certain point des causes prédisposantes aux tumeurs des ovaires.

Pour l'état de la *menstruation*, sur 57 malades, le même auteur a trouvé des anomalies de cette fonction, au nombre de 37 fois avant le début de l'affection. Pour l'auteur, c'est là le point de départ des kystes ovariens; ne pourrait-on pas se demander si la proposition inverse est plus vraisemblable, et ne s'agit-il pas plutôt là d'un effet que d'une cause?

Comme causes occasionnelles, on a cité l'accouchement, la suppression brusque de règles, la métrole, le refroidissement, etc.

Si nous exceptons peut-être le cancer, les autres maladies constitutionnelles paraissent n'avoir aucune influence sur le développement des kystes de l'ovaire : citons cependant la tuberculisation, qui bien que relativement rare, paraît s'être rencontrée quelquefois.

SYMPTÔMES DES KYSTES DE L'OVAIRE.

Signes locaux. — Les signes locaux sont de beaucoup les plus nombreux et les plus importants.

Tant qu'ils n'ont pas acquis un certain volume, les kystes de l'ovaire ne produisent qu'une sensation de gêne, et le plus souvent ils passent inaperçus pour la malade ; mais dès que la tumeur offre un certain développement, elle donne lieu aux divers symptômes que nous allons décrire.

Le ventre est augmenté de *volume* avec une saillie du côté affecté ; plus tard dans une période très-avancée, la tumeur peut remplir la cavité abdominale toute entière. Avec cet état on rencontre naturellement les signes de la distension exagérée des parois abdominales, tels que éraillures, dilatation des veines, etc.

La palpation permet de sentir dans l'abdomen, les caractères de la tumeur qui est tantôt lisse, tantôt bosselée, ordinairement indolente et souvent mobile.

La fluctuation perçue d'une manière convenable est ordinairement nette et franche quand le kyste est volumineux : dans quelques cas elle est obscure et peut même manquer complétement.

La percussion donne des signes bien connus et souvent caractéristiques. On sait qu'en général on trouve la matili en bas et sur un des côtés, et qu'elle ne change pas de niveau par les déplacements de la malade.

Le toucher vaginal donne la sensation d'une tumeur mobile indépendante de l'utérus. Cet organe, au commencement en position normale, est ensuite déplacé en différents sens. La palpe du doigt perçoit une sensation qui n'étant pas la fluctuation donne cependant l'idée d'une collection liquide.

M. Boinet prétend que le col de l'utérus est toujours rejeté du côté opposé au kyste, ce qui permet dans les cas douteux de reconnaître le véritable point d'origine.

Le toucher rectal doit être pratiqué pour fixer au juste la position du kyste, surtout chez les jeunes filles, et pour juger de l'état de l'utérus.

Signes fonctionnels et de voisinage. — *La menstruation* est souvent troublée, quelquefois supprimée dès le début; ce qui peut faire croire à une grossesse commençante, d'autant plus qu'on observe quelquefois la perversion de l'appétit, le gonflement des seins, la sécrétion passagère du lait, etc. Avec ces symptômes coïncide une sensation de pesanteur dans le petit bassin qui attire l'attention des malades.

Les autres signes fonctionnels sont tous des symptômes dus à la compression.

Compression des vaisseaux, d'où dilatation des vaisseaux veineux qui sillonnent la paroi abdominale, œdème des membres inférieurs et quelquefois œdème partiel des grandes lèvres, et même, dans des cas plus rares, ascite.

Compression de la vessie, qui, lorsque la tumeur est dans le petit bassin, produit la dysurie, le ténesme vésical; d'autres fois, la rétention d'urine et ses conséquences. Plus tard, quand la tumeur a remonté dans l'abdomen, on observe quelquefois de l'incontinence.

Compression des intestins, qui produit le plus souvent la constipation, et plus rarement des alternatives de diarrhée et constipation. Il peut en résulter même une occlusion intestinale et, d'après Turchil, un rétrécissement du rectum.

Symptômes généraux.—Il arrive quelquefois, surtout quand les kystes se développent dans un âge avancé, qu'ils exercent très-peu d'influence sur la santé générale; mais quand la tumeur prend un accroissement rapide, comme cela s'observe le plus souvent chez les jeunes femmes, la santé ne tarde pas à être profondément altérée.

La première fonction atteinte, comme nous l'avons déjà indiqué, c'est la digestion. On observe la dyspepsie, l'anorexie, la langue rouge et sèche, des nausées, etc.

La *respiration*, gênée par le refoulement du diaphragme, devient de plus en plus anxieuse, et il arrive un moment où elle est presque impossible.

La *circulation* n'est pas troublée d'une façon spéciale. Peu ou point de fièvre, à moins d'une complication phlegmasique; quelquefois des palpitations et de la tendance à la syncope.

MARCHE ET TERMINAISON.

Ces différents troubles que nous venons de décrire amènent au bout d'un temps plus ou moins long, et à moins que l'art n'intervienne, les signes les plus fâcheux du marasme et de la cachexie.

L'amaigrissement est extrême, la fièvre hectique s'allume, les membres inférieurs s'infiltrent, et les malades finissent par succomber avec tous les signes de l'épuisement le plus complet.

Les différentes terminaisons ont été très-bien résumées par M. le professeur Trousseau dans son discours à l'Académie de médecine, 1856. Elles peuvent avoir lieu : 1° par résorption spontanée; 2° par évacuation naturelle; 3° par inflammation spontanée; 4° par rupture; 5° par épuisement, marasme, hectisie, etc. Nous regrettons que le sujet de cette thèse ne nous permette pas d'entrer dans de plus longs développements; mais on peut sur ce point consulter avec fruit l'excellent mémoire de M. Bauchet. Notre but, on le comprend, n'est point de faire ici la symptomatologie des kystes de l'ovaire, mais bien d'établir les bases d'un diagnostic différentiel qui nous permette de fixer et d'apprécier à leur juste valeur les indications et les contre-indications de l'ovariotomie.

DIAGNOSTIC.

Nous traiterons successivement :

1° Du diagnostic différentiel ;

2° Du diagnostic des variétés ;

3° Du diagnostic des complications.

I. *Diagnostic différentiel.*

Nous distinguerons deux cas, suivant que la tumeur est dans le petit bassin ou qu'elle fait saillie dans la cavité abdominale.

A. Quand la tumeur est dans le petit bassin, on peut la confondre avec :

1° *La grossesse commençante.* Tout le monde s'accorde à dire que les signes ne sont pas en général suffisants, ni caractéristiques, pour établir un diagnostic précis, et les erreurs nombreuses qui ont été commises à cet égard en sont la meilleure preuve.

2° *Les tumeurs de l'utérus et particulièrement les corps fibreux.* Le diagnostic est difficile, mais dans certains cas cependant on peut y arriver par la combinaison du toucher rectal et vaginal qui permet de constater la fluctuation, la mobilité et l'indépendance de la tumeur ovarienne. De plus, on a presque toujours l'occasion de constater des hémorragies utérines dans le cas de tumeurs de l'utérus ; et celles-ci font toujours défaut dans l'histoire des kystes de l'ovaire.

3° *Quant aux déviations de l'utérus,* la position respective du corps et du col de cet organe, leur consistance, le cathétérisme utérin si fréquemment pratiqué en Allemagne et en Angleterre, voilà autant de caractères distincts que le toucher vaginal permettra de bien constater.

4° *L'hématocèle rétro-utérine* apparaît brusquement ordinairement au moment d'une époque menstruelle, et en produisant les symptômes généraux des hémorragies. En outre, on rencontre dans le vagin une saillie anormale le plus souvent à une petite distance de l'orifice vulvaire, qui refoule l'utérus en avant et l'immobilise dans cette position vicieuse derrière la symphyse pubienne.

Je ne parlerai pas de la rétention des matières stercorales dans le rectum, bien que des confusions aient pu se produire à cet égard. Il suffit d'en être prévenu pour les éviter.

B. Quand la tumeur est dans la cavité abdominale, voici les affections avec lesquelles on peut les confondre :

1° *Ascite*. — Dans l'ascite, le ventre est étalé et non bombé comme dans les kystes de l'ovaire. La percussion fait reconnaître des signes extrêmement importants. En effet, dans l'ascite, il existe une sonorité intestinale supérieure et médiane séparée d'une matité inférieure par une ligne de démarcation à concavité supérieure. Ce fait a été si bien étudié par MM. Rostan et Piorry, qu'il est aujourd'hui de notoriété publique. Enfin le niveau de la matité changera avec les différentes positions de la malade. Se couche-t-elle, par exemple, du côté droit, dès lors, le liquide se plaçant de ce côté, la matité est à droite et séparée de la sonorité par une ligne longitudinale suivant l'axe du corps. Il n'en est pas de même pour les kystes de l'ovaire : la matité siége dans toute l'étendue du kyste, elle est circonscrite comme lui, immobile, et séparée de la sonorité par une ligne à concavité inférieure. De plus, la sonorité existe toujours, à moins de complication ascitique, dans les parties latérales de l'abdomen, ce qui est le contraire pour l'ascite. Par la palpation, on constate de la rénitence, et les limites de la tumeur dans le cas de kyste de l'ovaire. Dans l'ascite, au contraire, on ne peut retrouver ces caractères.

Il ne faut pas oublier que l'hydropisie péritonéale se produit dans le cours des maladies du cœur, par le fait d'altérations du foie (cirrhose), des reins (maladie de Bright), ou d'altérations profondes du sang (albuminurie, états cachectiques), et que dès lors on constatera un état général en rapport avec la gravité de ces différentes affections.

Le kyste de l'ovaire étant ordinairement une affection locale, ne donnera pas lieu à des symptômes généraux notables jusqu'au moment où des compressions sur les voies digestives, les gros vaisseaux abdominaux, etc., etc., viennent à enrayer successivement leurs importantes fonctions. Dans ce cas, la malade tombera dans une sorte de dépérissement de plus en plus prononcé, très-grave, il est vrai, mais très-différent aussi de l'état général des hydropisies, des maladies du cœur, du foie, etc., et dans lesquelles l'ascite peut se présenter.

Dans certains cas même, une hydropisie péritonéale se développe consécutivement aux compressions vasculaires établies par le kyste de l'ovaire. Nous reviendrons sur cette complication importante dans un autre chapitre.

2° *Hydropisie enkystée du péritoine.* — Cette affection est extrêmement rare; elle a même été niée par quelques auteurs. Jamais elle ne se développe primitivement; c'est d'ordinaire après des accidents inflammatoires du côté du péritoine qu'on peut en voir l'apparition, et cette péritonite localisée enkystée a elle-même son point de départ dans des affections des ligaments larges, ou des accidents chirurgicaux (épanchements sanguins, perforations) portant soit sur les parois de l'abdomen, soit sur les anses intestinales. Par opposition dans les kystes de l'ovaire, on ne rencontre pas une semblable étiologie; en outre, si l'hydropisie enkystée du péritoine offre presque tous les signes physiques des kystes de l'ovaire (à part, dit-on, la proéminence de la tumeur et le sentiment de fluctuation qui serait plus superficiel dans l'hydropisie enkystée du péritoine), il faut reconnaître cependant que, dans ce dernier cas, la persistance des règles est quelquefois un élément de diagnostic.

3° *Grossesse avancée.* — On se fonde sur la position de la tumeur utérine qui occupe ordinairement la ligne médiane; sur l'état du col; sur la possibilité de percevoir, par le doigt introduit dans le vagin, des mouvements imprimés à l'utérus par une pression extérieure. Plus tard, le ballottement, les mouvements actifs du fœtus et le double battement du cœur constaté par une auscultation attentive donneront une certitude absolue.

4° *Grossesse extra-utérine.* — Si dans la grossesse normale les difficultés sont considérables, comme nous venons de le voir, on peut imaginer sans peine de quelle obscurité peut être entouré le diagnostic de la grossesse extra-utérine. Sans entrer dans aucun détail, nous pouvons dire que tous les signes donnés comme appartenant à cette dernière peuvent se rencontrer dans les kystes de l'ovaire. Rappelons seulement que la grossesse extra-utérine est comparativement très-rare, qu'au bout d'un certain temps elle cesse de faire des progrès et qu'à ce moment les femmes présentent quelquefois les signes d'un accouchement prochain.

5° *Kystes simples, kystes hydatiques de la cavité abdominale.* — Ces kystes se distinguent des kystes de l'ovaire par leur début. — C'est dans le foie, la rate et les reins qu'on les rencontre le plus souvent, et dès lors, leurs signes physiques occuperont une situation bien différente des signes des kystes ovariens. — Cependant, dans quelques circonstances malheureuses, la confusion a été possible.

6° *Rétention d'urine.* — Il suffit de la mentionner pour éviter l'erreur. D'ailleurs on doit toujours faire le cathétérisme de la vessie avant d'entreprendre toutes les opérations qui se pratiquent sur l'ovaire.

7° *Hydropisie utérine.* — Son diagnostic est implicitement compris dans notre article : *Tumeurs utérines.*

8° *Tumeurs abdominales.* — Siége et commémoratifs tout différents des kystes de l'ovaire.

9° *Les tumeurs solides de l'ovaire.* — MM. Velpeau, Andral et plusieurs autres auteurs ont rapporté des exemples de masses encéphaloïdes énormes simulant parfaitement des kystes de l'ovaire. Nous nous rappelons avoir vu, dans le service de M. Velpeau, une tumeur ovarique volumineuse, dans laquelle le professeur nous fit remarquer les trois variétés de cancer : squirrhe, encéphaloïde et colloïde ; les symptômes observés pendant la vie étaient ceux d'un véritable kyste.

La cachexie cancéreuse est le meilleur signe de diasgnoctic ; quant à la présence d'une tumeur de même nature dans une autre région signalée par quelques auteurs, on sait que le cancer développé primitivement dans l'ovaire y reste généralement circonscrit ; cependant nous verrons plus loin une observation de M. Spencer Wells où, après l'ovariotomie, l'affection cancéreuse continua sa marche envahissante. La malade mourait une année après avec des dépôts cancéreux dans toute la cavité abdominale.

II. *Diagnostic de variétés.*

Nous plaçant au point de vue pratique ou du traitement, qui est le but principal de cette thèse, nous insisterons surtout sur le diagnostic des deux grandes variétés de kystes qui réclament l'emploi de moyens tout à fait différents : nous voulons dire les kystes uniloculaires et multiloculaires.

Kystes uniloculaires. — Le signe sur lequel il faut insister tout d'abord, comme presque caractéristique, c'est la *fluctuation*, qui, sensible dès le début, devient de plus en plus facile à percevoir à mesure que la tumeur se développe ; elle ressemble à celle de l'ascite en ce sens que, comme celle-ci, elle est superficielle et évidente. Seulement les limites de la tumeur, dominées par le palper et la percussion et les autres signes dont nous avons déjà parlé plus haut, permettent d'établir ce diagnostic en général facile, mais sur lequel nous tenions à revenir. De plus, la tumeur formée par le kyste uniloculaire est ordinairement d'un volume médiocre, ne dépassant guère celui d'une tête d'adulte ; elle est arrondie ou ovale, avec une surface lisse, non bosselée ; elle tend à occuper la ligne médiane, à moins qu'elle ne soit fixée par des adhérences qui sont d'ailleurs, dans ces cas, une complication exceptionnelle.

Quant aux variétés par rapport au siége, M. Velpeau nous dit :

« Les kystes de l'ovaire diffèrent considérablement les uns des autres ; leur diagnostic, au dire de quelques-uns de nos collègues, serait chose facile ; je leur en fais mon compliment, mais je regrette de ne pas être édifié à cet égard ; à mon avis, rien n'est plus difficile. Il y a des kystes du corps de Wolff ou de Rosenmüller, kystes sur lesquels MM. Follin et Verneuil ont publié d'intéressants travaux... »

Kystes multiloculaires. — Dans le cas de kystes multiloculaires, au contraire, la *fluctuation* manque souvent ; quand elle existe, elle n'est sensible que sur quelques points ; ou bien si elle occupe toute l'étendue de la tumeur, ce qui est le cas le plus rare, elle est infiniment moins nette et moins facile à produire. Quelquefois même elle est assez obscure pour donner l'idée d'une tumeur solide. Leur volume est plus considérable que celui de kystes uniloculaires; ils sont bosselés, et ces saillies présentent des consistances variables. Les adhérences y sont plus fréquentes. et la tumeur conserve souvent sa position dans le côté de l'abdomen où elle a pris naissance.

Dans certains cas, il est nécessaire d'employer la ponction exploratrice pour arriver à un diagnostic précis. Dans le cas de kyste uniloculaire, le liquide est séreux et limpide en général, tandis que les kystes multiloculaires ne laissent écouler que quelques gouttes d'un liquide albumineux ou gélatineux; quelquefois même il est si dense, que l'écoulement ne peut avoir lieu.

Pour ce qui est des différentes variétés que nous avons vues dans l'anatomie pathologique, on manque presque complétement des éléments nécessaires pour arriver à un diagnostic qu'il serait, dans certains cas, utile d'établir avant d'entreprendre l'opération. M. Tyler Smith soupçonne la présence de tumeurs cancéreuses ou aréolaires quand il observe l'œdème des parois abdominales (*Medical Times*, april 1864, p. 438).

III. *Diagnostic de complications.*

Nous diviserons en deux classes les complications : 1° celles qui s'observent en dehors du kyste et qui ne sont que de simples coïncidences ; 2° celles qui sont dues au kyste lui-même.

Parmi les premières, nous citerons les diverses *tumeurs* qui peuvent se développer dans le petit bassin, telles que les tumeurs fibreuses de l'utérus (1), l'hématocèle rétro-utérine, le phlegmon péri-utérin, etc., qui viennent ajouter leurs signes propres à ceux du kyste ovarique, et qui par cela même passent quelquefois inaperçus et de la malade et du médecin.

La *grossesse* est une complication autrement sérieuse et sur laquelle nous devons fixer toute notre attention. Si la tumeur ovarique existe depuis

---

(1) MM. Mussey, Peaslee, Smith, Lézars, Atlee, Deane, etc., ont extirpé des tumeurs fibreuses de l'utérus, croyant avoir affaire à des kystes de l'ovaire.

longtemps, la première période de la gestation peut passer inaperçue. Cependant on peut et l'on doit, avant d'entreprendre une opération, interroger avec soin tous les signes qui marquent cette première période, et même, dans les cas de doute, s'abstenir quand on les rencontrera chez une femme qui ne les avait pas présentés jusqu'alors malgré le développement de son kyste. Comme exemple instructif, nous citerons cette observation de M. Boinet (*Gazette hebdom.*, 1860, p. 151).

Une jeune femme de vingt-six ans se crut enceinte une troisième fois ; mais le terme de l'accouchement étant passé, on reconnut un kyste de l'ovaire droit qui, dans l'espace d'un an, l'obligea à subir quatre ponctions. Au moment de la quatrième, cette dame, qui ne s'en doutait pas, était enceinte de deux mois.

Le ventre ayant pris de nouveau un développement considérable, cette malade vint réclamer de M. Boinet les injections iodées. Elle était alors enceinte de sept mois environ et ne croyait avoir qu'une hydropisie. Cependant elle avait remarqué, cette fois, que son ventre s'était développé plus lentement, qu'il était plus uniforme ; que ses règles, qui avaient été toujours très-régulières, avaient cessé de paraître depuis plusieurs mois ; enfin que ses seins étaient devenus plus gros, plus sensibles, et qu'elle avait éprouvé des dégoûts, des malaises et un affaiblissement qu'elle n'avait jamais ressentis à chaque retour de son hydropisie ; et si ce n'était la sensation de flot de liquide qu'elle ressentait dans le ventre, elle se croirait enceinte. M. Boinet put constater par l'examen tous les autres signes de la grossesse.

Par un examen attentif, on peut presque toujours arriver à un diagnostic complet. Le toucher rectal, dans ces circonstances, peut être d'un grand secours pour s'assurer du volume de l'utérus. Cependant il ne faut pas oublier que des erreurs fâcheuses ont été commises par des hommes expérimentés. Nous en rapportons des observations de ce genre.

L'*ascite*, et surtout l'ascite chronique avec épaississement du péritoine, est une complication qui vient rendre très-difficile le diagnostic des kystes de l'ovaire ; souvent même il faut recourir à la ponction pour avoir la cer-

titude. Cependant, dans quelques cas, on peut par la palpation déplacer
une couche de liquide et sentir plus profondément la tumeur élastique et
fluctuante qui constitue le kyste.

Si l'on fait la ponction, de deux choses l'une : ou l'on tombe sur le kyste
et alors le ventre conserve le volume et la forme qu'il doit à l'épanchement
péritonéal; ou bien c'est le liquide ascitique qui est évacué, et l'on peut
alors constater facilement la présence du kyste. D'ailleurs, l'état général de
la malade est bien plus mauvais quand l'ascite survient comme complication.

Les *adhérences* des parois du kyste avec les parties environnantes ont
forcé les chirurgiens à abandonner un grand nombre d'ovariotomies com-
mencées; par conséquent elles doivent nous préoccuper sérieusement.

Le diagnostic de cette fâcheuse complication a été regardé comme impossible par la plupart des auteurs. Cependant, s'il est vrai que dans certains
cas les difficultés sont extrêmes, dans d'autres on peut arriver à les reconnaître. Pour cela on fait coucher la malade sur le dos, les jambes fléchies;
alors, faisant glisser les parois abdominales sur les parties antérieures et
latérales du kyste, on sentira un obstacle à ces mouvements en cas d'adhérence superficielle. Scanzoni donne un autre signe qu'il considère comme
constant, et qui est fourni par l'auscultation de l'abdomen : c'est le *bruit
de frottement*, que l'on entend sur quelques points de la paroi antérieure,
lorsque les malades changent de position. C'est un bruit comparable à celui
que l'on entend dans la pleurésie. Souvent même on peut sentir le frottement en plaçant la main sur l'endroit où il se produit. Si à ces différents
signes, viennent s'ajouter des douleurs que la malade a pu éprouver
à diverses époques, et qui sont l'indice d'un travail inflammatoire, si elle a
subi plusieurs ponctions et si ces ponctions ont été suivies de symptômes de
péritonite, si enfin la tumeur est multiloculaire, d'un volume considérable
et de longue date, on peut être presque certain qu'il existe des adhérences.

Un autre signe important de l'absence des adhérences se tire de l'examen
du jeu du diaphragme. Si au moment d'une profonde inspiration la tumeur

s'abaisse de 5 ou 6 cent., et que cet espace soit occupé par les intestins, on peut assurer qu'il n'y a pas d'adhérences à la partie supérieure du kyste.

PRONOSTIC.

Pour apprécier la gravité des kystes de l'ovaire, il faut commencer par faire une distinction. Si le kyste est multiloculaire et à liquide filant ou épais, c'est alors une maladie d'une gravité extrême, les traitements palliatifs ne font qu'accélérer leur marche, et le plus souvent provoquent des accidents rapidement mortels; les kystes uniloculaires, au contraire, contiennent très-souvent un liquide clair non filant, ascitique, ont une marche plus lente, restent même quelquefois stationnaires, quoique rarement, et enfin on peut en obtenir la guérison radicale par des moyens qui n'effrayent ni la malade ni le médecin. L'influence de l'âge sur la marche de la maladie est bien marquée. Il est rare d'observer un développement lent chez les femmes jeunes; on pourrait dire que l'activité des fonctions de la reproduction a une grande part dans l'accroissement des kystes de l'ovaire. Ainsi, chez les femmes arrivées au déclin de cette fonction, il est fréquent de constater des kystes qui ne font des progrès qu'insensiblement ou bien arrivés à un certain volume restent stationnaires. Tous les chirurgiens ont eu occasion de trouver des cas semblables.

En résumé, toutes choses égales d'ailleurs, les kystes de l'ovaire sont plus graves chez les jeunes femmes que chez les femmes âgées. Les kystes multiloculaires et à liquide filant sont plus rapidement mortels que les kystes uniloculaires et à liquide ascitique.

TRAITEMENT.

Traitement médical. — Nous n'avons pas l'intention de passer en revue ici tous les différents traitements qui ont été employés contre cette terrible maladie; il nous suffira de dire qu'elle a été considérée par tous les auteurs comme incurable, pour montrer que tout a été essayé inutilement. Les cas de guérison annoncés au moyen des évacuants, des altérants, etc., sont dus très-probablement, comme le prétend M. Boinet, à des erreurs de diagnostic qui ne sont pas rares, même aujourd'hui que cette maladie est si bien étudiée.

Traitement chirurgical. — Un des premiers moyens qui s'est présenté naturellement à l'esprit des chirurgiens, pour combattre l'hydropisie de l'ovaire, fut la paracenthèse abdominale. Hippocrate conseillait de la pratiquer près de l'ombilic, dans toutes les hydropisies abdominales. On sait que les anciens confondaient les kystes de l'ovaire avec l'ascite sous le nom d'*hydropisie*. Avant Canone, qui fut l'inventeur du trocart, on se servait d'une espèce de bistouri étroit et tranchant des deux côtés. Aujourd'hui, comme le dit M. Velpeau, on la pratique au point correspondant à la partie moyenne de la tumeur. Si la tumeur n'est pas fluctuante dans toute son étendue, on doit choisir le point où la fluctuation soit la plus franche. Quelquefois on détermine d'abord des adhérences de la paroi abdominale à la tumeur.

Cette opération, si simple en apparence, n'est pas toujours exempte de danger. Sur 20 cas recueillis par Southam, 14 femmes sont mortes pendant les neuf mois qui ont suivi la première ponction, dont 4 n'ont survécu que quelques jours. Des 6 restant, 2 sont mortes dans les 18 premiers mois, et 4 ont vécu de 4 à 9 ans. On a cité d'autres statistiques qui sont encore plus décourageantes que celle-ci. Par exemple, Kiwisch nous donne sur 64 cas les résultats suivants :

17 sont	mortes	dans les six premiers mois.
11	—	avant la première année.
14	—	avant la fin de la deuxième.
9	—	dans la troisième.
6	—	entre la quatrième et la septième.
7	—	d'autres maladies.
64		

Relativement au nombre de ponctions :

9 mortes après la 1re ponction et dans le premier mois.
10   —   —   1re   —   et dans la première année.
6   —   —   2e   —   —   —
15   —   —   3e   —   avant la sixième année.
10   —   entre la 7e et la 12e ponction.
7   —   après des ponctions en nombre indéterminé.

Sur 46 cas rassemblés par Safford Lee, il y a 37 morts dont

15 dans le premier mois,
17   —   la deuxième année,
5 de la troisième à la quinzième année.

Sur ces 130 cas voilà donc 109 morts dont

46 après la 1re ponction,
10   —   la 2e ponction,
25 de la   3e à la 6e ponction,
15 de la   7e à la 12e ponction,
13 après la 12e ponction.

D'autres chirurgiens, parmi lesquels nous citerons les autorités les plus recommandables de MM. Velpeau (1) et Churchill (2), sont loin de partager les craintes que pourraient inspirer des statistiques aussi déplorables. Sur trois cents dix cas opérés par lui, M. Velpeau nous dit que la plupart des femmes ont survécu de six à dix-huit ans.

Pour terminer ce qui a trait à la ponction, nous énumérerons avec M. Churchill les objections qui lui ont été faites :

1° La femme peut mourir par syncope quand le liquide s'écoule trop rapidement.

2° L'inflammation du péritoine peut amener la mort.

3° Celle-ci peut arriver par l'inflammation de la poche du kyste.

4° La poche se remplit si rapidement, qu'elle exige des ponctions répétées.

(1) *Bulletin de l'Acad. imp. de méd.*, 1856, t. 22.
(2) *Diseases of women*, 1864, p. 524.

5° L'opération peut être inutile dans le cas de kyste multiloculaire si les loges ne communiquent pas ou si le liquide est trop visqueux, ou lorsque la tumeur est principalement composée d'hydatides.

6° S'il y a complication de cancer, l'opération sera inutile, et la fin de la malade accélérée.

Ces objections en général sont parfaitement fondées, et comme la ponction n'est qu'un moyen palliatif qui dans des cas très-exceptionnels seulement peut amener une guérison radicale, on ne doit la pratiquer qu'à la dernière extrémité.

Injections iodées. — Nous laisserons de côté, dans ce chapitre, l'histoire des injections des liquides irritants autres que l'iode, comme complétement tombées en désuétude.

Quel que soit le nom du premier chirurgien qui ait injecté l'iode dans les kystes de l'ovaire, il n'en est pas moins vrai que c'est à M. Velpeau que revient l'honneur d'avoir introduit dans le traitement des hydropisies des cavités closes, l'usage de cet agent qui a rendu de si grands services à la thérapeutique. En 1839, il écrivait dans son *Traité de médecine opératoire* (tome IV, pages 7 et 13) : « Ce que j'ai vu des injections iodées dans l'hydrocèle et les kystes séreux, me porte à penser qu'elles offriraient plus de chances de succès que le vin dans l'ascite et les *kystes de l'abdomen !* »

Suivant M. Churchill, le docteur Williams (de Dublin) et le docteur Alison (d'Indiana) ont, les premiers, pratiqué les injections iodées dans les kystes ovariques. Le premier avait déjà remarqué que les parois du sac s'épaississaient, et que la tumeur avait diminuée lorsque la femme fut enlevée par une maladie intercurrente. Dans le cas du docteur Alison, le kyste fut oblitéré.

Bien que M. Robert paraisse être le premier qui ait tenté en France l'application de cette méthode, c'est à M. Boinet qu'il faut savoir gré de l'avoir vulgarisée par ses nombreux travaux et ses succès.

M. Velpeau a réuni les cas appartenant à sa pratique ainsi qu'à celles de MM. Robert, Boinet, Monod, Demarquay, Huguier, Gimelle, Abeille, Fock, Briquet et Nélaton, ce qui forme en tout 130 cas, dont

30 morts,
64 guérisons,
36 récidives.

Ce chiffre de mortalité si considérable serait dû, suivant **M.** Velpeau, à un procédé qui est définitivement jugé aujourd'hui, et consiste à laisser la canule du trocart dans la plaie. Vingt cas appartiennent à ce procédé qu'on ne peut ranger dans la véritable méthode des injections iodées.

D'ailleurs il n'est pas dans notre intention d'entrer dans les détails de cette opération, pour laquelle nous renvoyons aux remarquables travaux de MM. Velpeau, Boinet, Bauchet, etc.

L'*incision* introduite dans la pratique chirurgicale par Ledran, et qui consistait à ouvrir le kyste et à maintenir l'ouverture béante au moyen d'une mèche ou d'une canule qui permettait de faire des injections déter-sives, est complétement abandonnée aujourd'hui. Indiquée dans des cas où l'on peut appliquer l'ovariotomie, elle présente autant de dangers et certainement moins d'avantages que cette opération. (Cependant nous trouvons dans la thèse de **M.** Maisonneuve une statistique de quinze cas, dont treize guérisons radicales et deux morts.) Quelques praticiens ont employé cette méthode, mais en commençant par déterminer des adhérences entre les parois abdominales et le kyste. D'autres l'ont pratiquée quand, la cavité abdominale étant déjà ouverte, l'ovariotomie a été impossible à cause des adhérences. Nous y reviendrons quand nous parlerons des accidents et complications de l'ovariotomie, et alors nous dirons un mot sur l'*excision partielle du kyste.*

On a tenté encore l'*incision par le vagin*, que nous ne citons que pour mémoire, la science possédant trop peu d'observations pour rien conclure; elle doit être plus dangereuse que la précédente.

Le séton. — Nous dirons simplement que **M.** Chassaignac lui-même a engagé fortement, dans une discussion à l'Académie, les chirurgiens à s'en abstenir (1). Il a perdu trois malades sur trois par le drainage.

(1) Séance de la Société de chirurgie du 27 novembre 1861.

La sonde à demeure, employée dans les cas où la viscosité du liquide rend son écoulement impossible, peut être rapprochée de l'incision. Pour M. Velpeau, dont l'opinion est corroborée par l'abstention de tous les chirurgiens, c'est un procédé inutile, dangereux et impropre à remplir les indications (1).

Maintenant que nous venons de passer rapidement en revue les différents modes de traitement qui ont été employés contre les kystes de l'ovaire, nous pouvons établir qu'il n'en subsiste qu'un seul, c'est l'emploi des injections iodées, et encore, de l'avis de tous les auteurs, ne seraient-elles applicables qu'aux kystes contenant un liquide séreux (2). Quand aux kystes multiloculaires et à liquide visqueux, il ne reste aux chirurgiens d'autre alternative que d'abandonner les malades à une mort certaine, ou de tenter une opération qui, malgré ses dangers, présente assez de chance de succès pour qu'on soit autorisé à l'entreprendre. Bien plus, nous dirons avec Spencer Wells que « si une femme, qui n'a plus que quelques semaines ou quelques mois à vivre dans des souffrances terribles, vient réclamer les secours du chirurgien, si le cas n'est pas absolument désespéré, n'y eût-il qu'une chance de succès sur dix, celui-ci ne doit pas hésiter à compromettre sa réputation en tentant une opération qui peut donner à la malade cette chance de salut. »

(1) M. Philippart a envoyé dernièrement une communication à la Société de chirurgie, où il dit avoir obtenu quatre guérisons par ce procédé (*Gazette des hôpitaux*, 1862, p. 67).

(2) M. Boinet, le grand partisan des injections iodées, a donné une statistique de 45 malades traitées par cette méthode ; il dit avoir eu 31 guérisons, 5 insuccès et 9 morts. — 11 de ces cas étaient des kystes à liquide filant, pour lesquels il a eu 5 insuccès et 6 morts (*Gazette hebdom.*, t. 3, p. 829).

DEUXIÈME PARTIE.

OVARIOTOMIE.

HISTORIQUE.

Dès les temps les plus reculés, il paraît qu'on a eu l'idée d'enlever les ovaires, dans le but de rendre les femmes stériles ou bien dans celui de combattre la nymphomanie. Mais c'est aux temps modernes qu'appartient l'ovariotomie comme moyen de guérison des affections de l'ovaire qui étaient réputées incurables.

Athénée (1) établit d'après les écrits de Xanthus, qu'Andramitis roi des Lydiens, fut le premier qui fit châtrer des femmes dont il se servait en place d'eunuques. Hesichius, dans son éloge de Xanthus, impute les mêmes habitudes à Gygès, qui était aussi roi de Lydie, dont l'intention selon cet auteur était de conserver ces femmes dans une jeunesse perpétuelle. Probablement d'après les mêmes documents que nous venons de citer, beaucoup d'autres auteurs paraissent dans leurs écrits être convaincus que la castration des femmes était une opération pratiquée dans l'antiquité et dont l'invention était due à un des deux rois lydiens.

Cette époque est pleine d'obscurité et les différents auteurs ne sont pas

(1) Libr. 12, *Deinosoph.*, b., cap. 5, fol. 515.

d’accord sur la manière dont on pratiquait l’opération. Les uns pensaient qu’on enlevait la matrice (1); les autres croyaient que la prétendue castration n’était autre chose que la circoncision ou plutôt la nymphotomie (2), d’autres enfin étaient d’opinion qu’on enlevait véritablement les ovaires (3).

Il n’est pas étonnant qu’on ait extirpé les ovaires chez les femmes, opération qui se pratiquait d’ailleurs dès la plus haute antiquité sur les truies, les chameaux et autres animaux domestiques et qui est mentionnée par Aristote (4), Gallien (5), etc.

Laissant de côté cette première période nous arrivons de suite à un fait rapporté par Vierus et cité par Boerhaave (6), Graaf (7), et par bien d’autres auteurs, celui d’un châtreur allemand qui fut tellement irrité de l’incontinence de sa fille qu’il lui ouvrit le côté et la châtra. Nous pourrions encore citer quelques autres faits de brutalité analogue, mais qui n’ont qu’une importance secondaire.

Nous préférons entrer dans la période véritablement scientifique et qui a des rapports directs avec notre sujet, puisqu’il s’agit de l’extirpation de l’ovaire malade.

Le premier auteur dont nous ayons connaissance, et qui est cité dans la thèse de M. Maisonneuve, est Théodore Schorkopff (8) qui, à la suite d’une observation d’hydropisie de l’ovaire, dit : « L’extirpation de l’ovaire lui-même procurerait plus sûrement la guérison, si elle ne paraissait pas aussi cruelle et aussi dangereuse. »

Puis vient Schlencker (9), qui dans une dissertation sur un squirrhe de l’ovaire, après avoir fait remarquer que de l’avis unanime des praticiens

(1) Adolphe, *Diss. de morb. freq. et grave*, § 33.
(2) Marc.-Anton. Ulmus, *Apud Zacchiam*.
(3) Strabon, voir Diemerbroeck, *Anat.*, liber 1, cap. 24.
(4) *Hist. natur.*, lib. 8, cap. 51.
(5) *Lib. de Semine*, cap. 15.
(6) *Prælect. acad. in propr. instit.*, t. 5, pars 2, § 669.
(7) *De mulierum organ. generat. inserv. Fract. nov.*, cap. 15.
(8) Schorkopff, *Dissertatio medica inauguralis de hydrope ovarii*, février 1685.
(9) Schlenker, *De singulari ovarii sinistri morbo*, 1722, thèse 21.

il n'y avait aucun moyen de guérison pour cette maladie, se demande s'il ne serait pas possible conformément à ce que raconte Athénée, d'extirper les ovaires par une ouverture faite au bas-ventre; mais il abandonne la solution de cette question à la prudence et à la sagacité des maîtres de l'art. »

Le docteur Giovani Targioni Tozetti (1) se basant sur les extirpations qu'on fait journellement sur les animaux et sur le fait de Vierus que nous avons déjà cité, établit également la possibilité de l'extirpation de l'ovaire malade, mais comme une ressource extrême, se demandant même s'il convient de s'y arrêter sérieusement.

Williurs (2), après avoir déclaré que des plaies très-grandes et très-dangereuses au bas-ventre ont été guéries, et même que des femmes ayant subi l'opération césarienne, se sont heureusement tirées d'affaire conclut cependant « qu'il vaut mieux laisser mourir paisiblement les malades que de leur donner la mort de propos délibéré. »

De même Ulric Peyer (3) pense qu'il vaut mieux s'en tenir à une cure palliative.

Delaporte (4), sans avoir probablement connaissance des travaux que nous venons de citer, proposa d'emblée l'extirpation des tumeurs ovariennes dont la cause ne dépendrait que d'un vice idiopathique. Morand, secrétaire de l'Académie de chirurgie, appuya la proposition en s'écriant : « La chirurgie moderne est capable de grandes choses, on ne saurait lui ouvrir trop de voies pour guérir. »

Du reste, il fut à peu près le seul de cet avis.

Antoine de Haen (5), après avoir discuté longuement l'extirpation de l'ovaire, termine en la repoussant complétement.

Van Swieten, au contraire, admet que lorsque la maladie n'est pas fort

(1) *Prima raccolta di observazioni mediche*, Firenze, 1752, p. 78.

(2) *Specim. med. inaug. sistens stupend. abdomin. tumor.* Basileæ, 1734, thèse 16.

(3) *Act. helvét., phys., mathém., botan., méd.,* volume 1, *In appendice,* thèse 32, p. 38. Basileæ, 1751.

(4) *Mémoires de l'Académie royale de chirurgie,* année 1835, in-4, p. 454.

(5) *Ration. medend.,* part. 4, cap. 5, § 2.

ancienne et que par conséquent la tumeur n'a pas contracté d'adhérence, il ne paraît pas impossible de recourir à l'opération avec l'espoir d'une réussite favorable.

Hevin, auquel le fait de Delaporte (1) donna l'idée d'écrire un excellent mémoire, dont nous avons tiré la plupart des renseignements de cette partie de notre historique, termine en résumant ainsi son opinion : « Il nous semble que nous sommes suffisamment autorisés à terminer ce mémoire par conclure, que l'extirpation des ovaires malades, soit simplement squirrheux, soit affectés d'une hydropisie commençante, n'est aucunement pratiquable; que ce serait même une témérité, pour ne rien dire de plus, d'entreprendre inconsidérément une opération effrayante par elle-même et dont les suites, *nécessairement funestes*, seraient incomparablement plus redoutables que la maladie même qu'on aurait eu dessein de combattre; en un mot où il y aurait un péril éminent sans aucun espoir de guérison. Cette conséquence, qui est tirée d'après un examen attentif de la nature de la maladie, de l'importance des parties qu'intéresserait cette opération, et des accidents insurmontables qu'elle ne manquerait pas d'occasionner, se trouve d'ailleurs appuyée sur la décision bien réfléchie des auteurs recommandables (2). »

Ces paroles de Hevin résument assez bien, je crois, quel était l'état de la science et l'opinion que l'on se faisait généralement en France au sujet de l'ovariotomie à la fin du xviii° siècle. Complétement repoussée sur le continent, c'est en Angleterre et en Amérique où il faut aller chercher des documents. Et c'est là où elle va trouver de nouveaux adeptes qui, cette fois, la feront passer à l'état de fait accompli.

Nous ne citerons ici que pour mémoire des cas dans lesquels on a pratiqué l'ablation des ovaires herniés tels que celui de Lassus (*Pathologie chirurgicale*, t. 2, page 101). Celui de Pocival Pott, de M. Deneux, etc., qu'on trouvera dans l'excellent article de M. Velpeau sur l'ovaire (*Dictionnaire de médecine* en 30 vol., t. 22).

(1) *Encyclop. des scienc. méd. ; Mémoires de l'Acad. roy. de méd.*, t. 3, p. 515.
(2) *Mémoires de l'Académie royale de chirurgie*, t. 3, p. 550.

Hunter, après avoir reproduit toutes les objections et être entré même dans le détail de l'opération, en citant tous les accidents qui peuvent la faire échouer, n'hésite pas à la conseiller dans les cas désespérés et non accompagnés de complication.

Le docteur Ephraïm Mac Dowell, de Kentucky, ayant suivi, à Édimbourg, en 1794, le cours de John Bell, fut tellement enchanté de l'éloquence du professeur qui avait surtout insisté sur les funestes conséquences des maladies organiques de l'ovaire en même temps que sur la possibilité de son extirpation, qu'il se détermina de suite à tenter cette opération dans le premier cas qui se présenterait.

Ce fut en 1809, quatorze ans après, qu'il fut consulté par la dame Crawfort (1), sur laquelle il pratiqua la première ovariotomie : cette dame vécut en bonne santé jusqu'à 1841, où elle mourut âgée de soixante-dix-huit ans.

Il est tout à fait certain que c'est là le premier cas d'ovariotomie, puisque l'opération de Laumonier (de Rouen, 1776) qu'on a donnée comme telle, fut faite pour un abcès pelvien, qu'il ouvrit six ou sept semaines après l'accouchement. Ayant rencontré l'ovaire, il l'enleva sans aucune nécessité, et nous ne croyons pas qu'on puisse voir là une opération d'ovariotomie. On peut lire cette observation dans les *Mémoires de la Société royale de médecine*, 1782.

Un autre cas qui a été cité dans plusieurs tableaux d'ovariotomie est celui du professeur Dzondi qui guérit une tumeur pelvienne en enlevant un kyste à travers une incision de la paroi abdominale sur un *garçon* de douze ans.

C'est donc bien à l'américain Mac Dowell qu'appartient l'honneur d'avoir pratiqué l'extirpation de l'ovaire malade ; de 1809 à 1830, époque de sa mort, il fit treize ovariotomies, sur lesquels on peut compter huit cas de guérison avérés. (Gross. *Vie des chirurgiens et des médecins éminents de l'Amérique*, p. 212.)

Malgré les succès des chirurgiens américains, ce n'est qu'en 1823 que

(1) Ce fut en 1816 qu'il opéra la négresse, dont parlent presque tous les auteurs comme de sa premièr opération.

l'opération fut pratiquée en Europe. Les premiers cas ne furent pas très-engageants. M. Lizars (d'Édimbourg) qui tenta le premier l'opération, ne trouva dans l'abdomen, une fois ouvert, que de la tympanite et de l'obésité, la malade guérit. En 1825, il pratiqua une ovariotomie complète avec succès.

En 1827, le docteur Granville, à Londres, tomba sur une tumeur fibreuse de l'utérus du poids de huit livres qu'il enleva; mais la malade mourut le troisième jour. Il tenta une autre opération qu'il fut obligé d'abandonner à cause des adhérences.

Ces insuccès expliquent le retard de neuf ans que subit l'opération. Nous devons dire d'ailleurs que ces chirurgiens pratiquaient une très-large incision qui s'étendait du pubis au sternum. En 1836, M. Jeafferson, d'après les indications de G. Hunter, extirpa un kyste biloculaire à travers une incision d'un pouce et demi. La malade guérit et a donné naissance à trois filles et un garçon après l'opération.

Après lui, MM. King (de Saxmundham), West (de Fonbridge), Crisp (de Harleston), ont enlevé des kystes de l'ovaire à travers des petites incisions variant de un à trois pouces, qui furent couronnées de succès.

En 1839, Morgan pratiquait pour la première fois l'ovariotomie dans un des hôpitaux de Londres (Guy), malheureusement l'opération ne put être terminée à cause des adhérences et la malade succomba quarante-huit heures après.

Une année plus tard, Benjamin Phillips enlevait un kyste à l'infirmerie de Marylebone, mais le résultat ne fut pas plus heureux.

M. Aston Key, en 1843, enleva les deux ovaires malades sur une femme à l'hôpital Guy, son incision s'étendait du sternum au pubis ; quatre jours après, la malade était morte. Vers la même époque, M. Bransby Cooper opéra dans le même hôpital un très-large kyste multiloculaire. Sa malade mourait le septième jour.

On voit que les tentatives qui ont été faites à Londres à ce moment n'étaient pas de nature à faire persister dans la pratique d'une telle opé-ration, heureusement les chirurgiens de province présentaient de très-beaux résultats; M. Clay (de Manchester), sur quatre malades, comptait trois succès. Nous avons déjà vu les résultats heureux obtenus par Jeafferson, West, Crisp et King en province.

C'est seulement en 1842 que M. Walne eut la bonne fortune d'exécuter la première ovariotomie suivie de succès à Londres, et dès ce moment commence une série heureuse pour cette opération que les premiers insuccès avaient failli faire rejeter complétement. Il faut citer ici les noms de MM. Bird, Lane, Southam, Dickson, Burd, etc., qui ont publié plusieurs cas de guérison de 1842 à 1846, et dans cette dernière année, M. César Hawkins qui opère pour la première fois avec succès dans un hôpital, (Saint-Georges).

En 1850, M. Duffin signale un point d'une grande importance en montrant le danger qui résulte de la décomposition du pédicule dans la cavité péritonéale, il pratiqua une opération en le fixant au dehors. C'est cette même année qu'eut lieu à la Société médico-chirurgicale de Londres la mémorable discussion dans laquelle on décida que personne ne pouvait, sans faire d'abord une incision exploratrice, savoir au juste si la tumeur était ou non susceptible d'être enlevée. Le résultat de cette discussion ne fut pas, comme on peut le croire, favorable au progrès de l'ovariotomie.

Le docteur Clay cependant continua à opérer à Manchester. Mais comme ses observations ne furent rapportées devant aucune Société, de même que celles de MM. Beale (de Halesworth), Tanner, B. Childs, Erichsen, Garrard, Humphry (de Cambridge) et Hunt, l'opération ne put gagner beaucoup dans l'esprit du public et des médecins.

M. Baker-Brown lui-même, qui a eu depuis de si beaux résultats et qui a tant contribué à relever l'opération, commença dans cette fatale période de 1852 à 1856 par compter sept cas de mort sur neuf opérées.

En un mot, tout se réunissait: discussion des sociétés savantes, articles de journaux, insuccès des praticiens, pour discréditer complétement une opération que le public était déjà disposé à considérer comme barbare.

C'est au milieu de ces circonstances que M. Spencer Wells, arrivant à

Londres de retour de la guerre de Crimée, après avoir observé l'inutilité des méthodes palliatives et les suites funestes des maladies ovariennes abandonnées à elles-mêmes, se décida à pratiquer l'ovariotomie en s'engageant par avance à rendre publics les résultats quels qu'ils fussent ; engagement qu'il a toujours scrupuleusement rempli ; il serait à souhaiter que cette conduite fût imitée par tous les médecins, surtout pour des faits qui, comme celui-ci, sont encore à l'étude.

Sa première tentative ne fut pas heureuse : étant tombé sur une anse intestinale, il crut avec tous les assistants à l'impossibilité de l'extirpation et referma la plaie. Trois mois après, cette malade, guérie des suites de l'opération, succombait à une rupture spontanée du kyste, qui aurait pu parfaitement être enlevé, ainsi que cela fut démontré par l'autopsie.

Son premier succès date de 1858 et fut suivi de deux autres qui marquent le commencement de ce qu'on a nommé le *réveil de l'ovariotomie en Angleterre.* C'est en rapportant à la Société obstétricale ses cinq premières observations, que M. Sp. Wells tâcha de faire accepter l'opération en signalant les causes d'insuccès et les moyens d'y remédier.

Après M. Wells, M. Hutchinson est le premier à marcher sur ses traces, et c'est à lui que nous devons l'heureuse invention du *clamp.*

M. Baker-Brown, probablement encouragé par ces succès, se remit à pratiquer l'opération qu'il avait abandonnée depuis quatre ans.

En 1860, M. Clay (de Birmingham) publia dans un appendice à la traduction de l'ouvrage de Kiwisch une excellente statistique qui, de l'avis de M. Spencer Wells, est la meilleure et la plus complète qu'on ait jamais publiée sur un point quelconque de la pratique chirurgicale. J'ai eu moi-même l'occasion de m'en convaincre par les précieux renseignements qu'elle m'a fourni pour cette étude, et il est certain que depuis sa publication, l'opération a été répétée souvent et avec une proportion encourageante de succès à Londres, à Manchester, à Birmingham, etc.

Telle est l'histoire abrégée de la marche qu'a suivie l'ovariotomie en Angleterre, histoire racontée dans tous ses détails par M. Spencer Wells, dans un travail publié à Londres en 1862 (1) et qui nous a fourni tous les documents désirables sur cette période intéressante.

En 1819, Crysmar pratiquait la première ovariotomie en Allemagne; sa malade mourait quelques jours après de péritonite. Le même opérateur obtint un succès chez une femme âgée de 38 ans. Au bout de six semaines la malade fut en état de retourner chez elle. Une troisième malade opérée par lui et par M. Hopfer (2), n'a survécu que 36 heures. Dohlhoff (3), tenta trois fois l'opération : dans le premier cas, l'extirpation de la tumeur fut suivie rapidement de mort; dans le deuxième cas, l'opération ne put être terminée à cause des adhérences, et enfin dans un troisième, il avoue avec une franchise digne d'imitation, qu'il avait commis une faute de diagnostie, et qu'après l'ouverture du ventre on ne rencontra pas de tumeur abdominale ; la plaie fut refermée et la malade se rétablit au bout de quelques jours. Martini, obtint un succès, mais chez une autre malade l'ovariotomie fut suivie de mort en 36 heures. Langenbeck, sur 7 malades en a perdu quatre. (4). Kuiwisch, avec sa grande autorité, tacha de faire adopter cette opération; il a bien limité les indications, mais dans la pratique il n'obtint pas de plus heureux résultats que ses compatriotes ; de trois opérées il en perdit deux. D'autres opérateurs dont le mérite est bien connu, tels que Seibold, Heyfelder, Knorre (de Hambourg), Scanzoni, Simon, etc., ont aussi pratiqué l'ovariotomie en Allemagne, avec des résultats très-peu encourageants. D'après une statistique de Simon (Gustave) (5), de 61 opérations, 44 ont été suivies de mort, ce qui explique suffisamment pourquoi l'on a cessé de pratiquer l'ovariotomie dans ce pays.

Quelle-a été la cause de cette grande mortalité ? Plusieurs raisons ont été données; mais la plus acceptable nous paraît résider dans ce fait capital, que chaque chirurgien n'a pratiqué qu'un petit nombre de fois

(1) *Sur l'histoire et les progrès de l'ovariotomie dans la Grande-Bretagne,* avec des observations sur l'opération fondées dans l'expérience personnelle de cinquante cas, par M. S.-T. Spencer Wells. **Londres.**

(2) *Bulletin de Férussac,* t. **18,** p. **86.**

(3) *Expérience,* t. **1,** p. **625** et suiv.

(4) Chay, *Appendice à la traduction de Kuiwisch.*

(5) *Der exstirpation der milz am menschen* (Gueissen, **1857**).

cette opération ; 26 par exemple, n'ont opéré qu'une seule fois, et sur ces 26 cas, il n'y a eu qu'un seul succès. Ceci se passe de commentaires. S'il est vrai, comme dit M. Velpeau (1), que cette opération n'est par elle-même ni délicate ni difficile , il nous paraît aussi certain qu'elle demande une espèce d'éducation des chirurgiens , fait que nous aurons l'occasion de constater dans la suite de ce travail, et des soins consécutifs qu'on a trop souvent négligés.

Pendant cette époque d'expérimentation, la chirurgie française a gardé une réserve qui, pour avoir été trop absolue, n'en est pas moins justifiable. Les statistiques alléguées n'avaient pas toute la valeur désirable ; de l'avis même des auteurs qui les présentaient, elles donneraient un nombre de succès supérieur à celui obtenu réellement, à cause des cas malheureux qui restent sans publication. D'un autre côté, les erreurs de diagnostic faites par des hommes d'un mérite incontestable et l'impossibilité de savoir à l'avance si l'on pourrait finir l'opération déjà commencée, étaient autant de raisons qui la faisaient repousser.

Enfin les résultats désastreux obtenus en Allemagne par des hommes de mérite ont eu une influence bien certaine sur les retards que l'ovariotomie a subis non-seulement dans ce pays, mais dans tout le reste de l'Europe, et ceci nous explique pourquoi la France, ordinairement si enthousiaste du progrès et des idées nouvelles, a voulu attendre l'irrécusable sanction du temps et de l'expérience.

Malgré l'opinion de M. Velpeau (2) qui autorise l'opération dans *des cas bien déterminés*, malgré le mémoire de M. Achile Chereau (3), dans lequel il rapporte les résultats de 65 ovariotomies, dont 42 succès, 23 morts, 28 succès complets, 16 morts (4), malgré les quelques opérations qui avaient été pratiquées en province et à Paris, l'ovariotomie

(1) *Traité de médecine opératoire*, t. 4, p. 24.
(2) Dictionnaire en 30 vol., art. OVAIRE.
(3) *Journ. des conn. médico-chir.*, 1844 (juillet).
(4) 14 opérations non terminées à cause des adhérences, dont 9 se sont rétablies, et enfin 7 cas de faux diagnostic, dont une seule malade est morte. En tout 42 succès, 25 morts.

était repoussée par la plupart des chirurgiens français, comme on peut
s'en convaincre en lisant la remarquable discussion de l'Académie de médecine qui eut lieu en 1856 ; M. Cazeaux seul osa la soutenir en disant :
« Mais enfin n'y a-t-il rien de mieux à faire dans ces cas malheureux
que d'abandonner les malades à une mort certaine? Je ne veux que
toucher à cette question, car je sais que ma réponse rencontrera dans
cette enceinte peu de sympathies, et que pour la justifier je serais forcé
d'entrer dans de trop longs développements.

« Toutefois, je ne veux pas quitter cette tribune sans protester contre
l'espèce d'anathème lancé par plusieurs membres contre l'extirpation
des ovaires. Avant de proscrire il faut examiner, et l'on n'a pas suffisamment examiné. »

Après cette discussion, quelques travaux d'un mérite bien reconnu, ont
été publiés par M. Ch. Bernard (1) et Jules Worms (2), qui ont dû nécessairement avoir une certaine influence sur l'esprit des chirurgiens.

Jusqu'ici tout n'était qu'indécision, lorsque M. Nélaton, par amour de
son art et désireux de juger par lui-même une question si importante,
fit un voyage en Angleterre où il eut l'occasion d'observer cinq femmes
opérées par M. Baker Brown. A partir de ce moment il n'hésita plus à
considérer l'ovariotomie comme une opération parfaitement acceptable. A
son retour il nous fit, dans une leçon clinique, l'histoire abrégée de ces
cinq cas, et termina par ces paroles : « Loin de blâmer, il y a lieu d'en-
courager les chirurgiens disposées à pratiquer l'ovariotomie quand ils la
jugeront indiquée, et je crois que cette indication existe, quand un kyste
multiloculaire commence à amener le dépérissement et une série d'accident graves. »

Nous avons déjà constaté qu'on avait pratiqué quelques ovariotomies
avant le voyage de M. Nélaton.

Ainsi, en 1844, M. Woyerkosky, de Quinge (Doubs), enleva une tumeur
de l'ovaire pesant 3 kil. 200 gr., et malgré la complication d'une ascite

(1) *Archives génér. de méd.*, 1858 (octobre).
(2) *Gazette hebdom.*, 1860.

considérable, la malade guérit et eut plusieurs enfants après l'opération.

En 1847, Vaullegeard, de Condé-sur-Noireau (Calvados), extirpe une tumeur pesant 9 kil. Vingt-cinq jours après, guérison complète.

En 1849. M. Maisonneuve opère une religieuse de l'hôpital Cochin : la malade meurt vingt-deux heures après.

En 1858, Hergott (de Strasbourg) avec le même résultat.

En 1859, M. Boinet enlève une tumeur cancéreuse sur une femme âgée : la malade succombe.

En 1861, A. Richard opère à Troyes une jeune fille qui meurt en quinze ou vingt heures.

Nous savons que M. Jobert de Lamballe a pratiqué une ovariotomie, dont nous n'avons pas pu trouver la relation (citation de M. Malgaigne, *Médecine opératoire*).

En somme, sur six opérations (quatre morts), et là finit ce que nous appellerons la première période de l'ovariotomie en France.

Une opération pratiquée par M. Demarquay commence la nouvelle ère ouverte en réalité par M. Nélaton.

C'est le 2 février 1852 que M. Demarquay extirpa, à Saint-Germain, un kyste multiloculaire pesant 2 kil. : mort trois jours après.

Plusieurs chirurgiens s'empresseront de suivre cet exemple.

M. Kœberlé (de Strasbourg) pratiqua le 2 juin suivant sa première ovariotomie avec succès. Sur cinq autres opérations, l'habile et heureux professeur de Strasbourg compta quatre guérisons ; chez une de ses malades, il enleva avec succès l'utérus et les deux ovaires, ce qui n'était arrivé à personne avant lui qu'à M. Clay (de Manchester).

M. Nélaton a pratiqué huit fois l'opération, la première le 17 juin 1862 : dans quatre cas les malades succombèrent. On verra plus loin les détails qu'il nous en a donnés lui-même dans une de ses intéressantes cliniques.

M. Demarquay opère une seconde fois (22 juillet 1862), à l'avenue de Saint-Cloud, près du bois de Boulogne : sa malade meurt vingt-quatre heures après.

A Lille, M. Parisse extirpe, le 4 août suivant, un kyste multiloculaire, sans plus de succès.

A Lyon, M. Desgranges opère le 10 septembre une femme de trente-huit ans : larges adhérences, mort.

M. Ad. Richard, le 11 septembre, extirpe un kyste multiloculaire très-volumineux : le lendemain sa malade succombait.

Trois jours après, M. Boinet pratiquait au même endroit une ovariotomie qui fut couronnée d'un plein succès.

Le 30 décembre 1862, M. Vallette (de Lyon) extirpa deux kystes sur les deux ovaires : la malade a survécu cinq jours.

En 1863 (21 août), M. Regnault (de Rennes) obtient une guérison complète.

La même année, en juin, une femme de vingt et un ans fut opérée par M. Huguier ; kyste multiloculaire très-adhérent : la mort survint dans les quarante-huit heures.

D'autres opérations ont été pratiquées dernièrement en France, mais elles n'ont pas été publiées ; nous croyons pouvoir citer MM. Dusseris, Serre, Denucé, Brissez (de Lille) comme ayant pratiqué l'ovariotomie.

M. Bauchet a opéré dernièrement un kyste prolifère adhérent dans toute son étendue. Nous pensons pouvoir présenter cette observation que nous devons à l'obligeance de l'auteur.

Nous ne parlons ni de l'Espagne ni de l'Italie, parce que nous croyons tenir de bonnes sources qu'on n'y a point pratiqué l'ovariotomie.

En résumé, cette opération, née au sein de la chirurgie américaine, avait besoin, comme on le voit, du caractère entreprenant et hardi de cette grande nation. Elle devait être accueillie avec défiance en Europe, et pour se vulgariser, elle dut attendre un quart de siècle. Aujourd'hui même que les faits se sont multipliés, son utilité, quoique devenue incontestable, n'a pas reçu des adhésions unanimes. Et c'est là, nous le répétons, ce qui nous a conduit à étudier cette grave et importante question.

ADMISSIBILITÉ DE L'OPÉRATION.

Nous venons de voir la marche que l'ovariotomie a suivie jusqu'ici ; tantôt admise avec enthousiasme par les uns, tantôt repoussée par les autres avec trop de méfiance, nous la voyons actuellement tendre à occuper la véritable place qu'elle mérite dans la pratique chirurgicale. On est presque généralement d'accord aujourd'hui pour reconnaître l'indication formelle de l'extirpation dans certains cas bien déterminés. Beaucoup de chirurgiens, autrefois contraires, pourraient dire avec Fergusson (1) :

« Mon expérience personnelle dans l'ovariotomie est comparativement restreinte ; cependant, malgré les préventions que ma *première éducation* m'a données contre elle, je me sens disposé à reconnaître que l'extirpation d'une maladie aussi formidable est non-seulement justifiable, mais est, en réalité, dans des cas heureusement choisis, une admirable opération. »

Au premier abord les idées théoriques interdisaient pour ainsi dire jusqu'à la pensée d'une semblable opération. Ici, comme dans tant d'autres cas, la véritable doctrine scientifique basée sur l'expérience est venue démentir ces craintes exagérées. Nous présenterons donc les faits que nous avons tâché de réunir aussi complétement que possible, espérant qu'ils parleront assez haut d'eux-mêmes.

Notre conviction est formelle et bien arrêtée ; mais comme nous ne pouvons, faute d'autorité personnelle, la faire passer dans l'esprit des chirurgiens qui ne la partageraient pas de prime abord, qu'il nous soit permis, avant une plus longue discussion, de transcrire ici les résumés des différentes statistiques qui sont arrivées à notre connaissance. Le premier tableau qui ait été dressé dans ce sens est celui inséré dans le Mémoire de M. Chereau (2) et que nous reproduisons.

(1) *A system of practical surgery,* 3ᵉ édit., p. 792.
(2) *Journ. des connaissances medico-chirurg.,* 1844.

TABLEAU PUBLIÉ PAR ACHILLE CHEREAU

Dans le *Journal des Connaissances médico-chirurgicales*, année 1844, page 230.

Première Série. — *Succès complets* (28 cas).

Nᵒˢ	AGE.	DATE.	OPÉRATEUR.	LONGUEUR DE L'INCISION.	ADHÉRENCES.	OBSERVATIONS.
1		Déc. 1809	Mac Dowal.	0,25		
2		1816	id.	0,25	Adhérences.	
3	30	Mai 1821	Alb. Smith.	0,12	Point d'ahérences.	
4	33	Juill. 1821	N. Smith.	0,08	Adhérences nombreuses.	
5	56	Févr. 1825	Lizars.	Du cart. xyphoïde au pubis.	Point d'adhérences.	
6		1825	Alb. Smith.	0,08	Adhérences.	
7		1828	Hopfer.			Conception postérieure à l'opération.
8	20	1829	Rogers.	0,15	Adhérences avec le péritoine.	
9	31	1832	Ritter.	Grande incision.	Adhér. à la région épigastrique.	
10	52	1833	Erharteim.			
11		1836	Quittenhaum.	0,20 (environ)		
12	38	1837	Jeafferson.	0,02	Point d'adhérences.	
13	37	1837	King.	0,09 (environ)	id.	
14	45	1837	West.	0,09 (environ)	id.	
15	23	1839	id.	0,09 (environ)	id.	
16		1839	Crisp.	Du sternum au pubis.	Adhérences nombreuses.	
17	46	Sept. 1842	Clary.	0,27	Légères adhérences.	
18	57	Oct. 1842	id.	0,27	Adhérences fermes.	
19	39	1842	id.	0,27	Adhérences nombreuses.	
20	58	Nov. 1842	Walne.	0,35	Point d'adhérences.	Cette observation manque de détails.
21	57	1842	Lane.	De l'ombilic au pubis.		
22	57	Mai 1843	Walne.	0,35	Point d'adhérences.	Incision exploratrice.
23	20	Sept. 1843	id.	0,37	id.	id.
24	30	Sept. 1843	Atlée.	0,25	Adhérences fermes.	
25	37	Oct. 1843	Southam.	0,25	Adhérences avec l'épiploon.	
26	21	Nov. 1843	Bird.	0,15	Point d'adhérences.	Incision exploratrice.
27	33	Janv. 1844	id.	0,16	Adhérences légères.	id.
28			Chrysmar.	Du sternum au pubis.	Adhérences.	Conception postérieure à l'opération.

Deuxième Série. — *Morts* (16 cas).

Nᵒˢ	AGE.	DATE.	OPÉRATEUR.	LONGUEUR DE L'INCISION.	ADHÉRENCES.	CAUSE DE LA MORT.	ÉPOQUE DE LA MORT.
29	25	Mars 1825	Lizars.		Adhérences nombreuses.	Gangrène péritonéale.	Mort au bout de 48 heures.
30		1828	Hopfer.	0,25	Adhérences très-fermes.		— 9 —
31		1828	id.	0,25	Adhérences.		— 9 —
32		1828	Dohlhoff.	Grande incision.	id.	Péritonite.	— 16 —
33		1829	Granville.			Déplétion du sang.	— 3 jours.
34	22	Avril 1837	Stilling.	0,17 ?	Point d'adhérences.	Péritonite.	— 4 —
35		1839	West.	0,09	Adhérences nombreuses.	Ent. péritonéale.	— 8 —
36		Sept. 1840	Phillips.	0,11	Point d'adhérences.	id.	— 8 —
37		Sept. 1843	Greenbow.	Du sternum au pubis.	Adhérences.		— 7 —
38		1843	B. Cooper.	id.	id.	Péritonite.	— 7 —
39		Oct. 1843	Walne.	0,41	Point d'adhérences.	id.	— 10 —
40		1843	Clay.	0,35	id.	Hémorrhagie.	— 1 heure et demie
41		1843	A. Key.				
42		1844	Walne.	0,41			Ce cas est seulement annoncé.
43			Chrysmar.	Du sternum au pubis.	Adhérences nombreuses.	Gangrène intestinale.	Mort au bout de 56 heures.
44			id.	id.	Quelques athérences.	id.	— 56 —

TROISIÈME SÉRIE. — *L'opération ne fut pas terminée (14 cas).*

N°s	AGE.	DATE.	OPÉRATEUR.	LONGUEUR DE L'INCISION.	ADHÉRENCES.	RÉSULTAT.	ÉPOQUE DE LA MORT.
45		1809	Mac Dowal.	0,25	Adhérences.	Rétablissement.	
46	34	1825	Lizars.	Grande incision.	Adhérences. Pédicule vasculaire.	id.	Mort au bout de 36 heures.
47	24	1825	Martini.	0,25	Adhérences très-fermes.	Mort par hémorrhagie.	Il resta chez cette malade une fistule.
48	27	1831	Galenzowski.	0,14	id.	Rétablissement.	
49		1826	Granville.		Adhérences solides.	id.	
50	40		Dieffenbach.	0,11	Adhérences. Vaisseaux.	Rétablissement.	
51			Dohlhoff.		Adhérences intimes.	Mort.	Au bout de 4 heures.
52	40	1839	West.	Petite incision.	Adhérences.	Rétablissement.	
53	40	1839	Hargrave.		id.	id.	
54		1839	Gorham.		Adhérences fermes.	Mort.	Ce cas est seul. rapporté par Gorham.
55	48	1840	Anonyme.		Adhérences solides.	id.	
56	47	1843	Clay.	0,35	Adhérences vasculaires.	id.	
57	34	1843	Walne.	Du sternum au pubis.	Adhérences.	Rétablissement.	
58		1844	id.	id.	id.	id.	Annoncé seul. dans les journ. anglais.

QUATRIÈME SÉRIE. — *Faux diagnostic (7 cas).*

N°s	AGE.	DATE.	OPÉRATEUR.	LONGUEUR DE L'INCISION.	ADHÉRENCES.	RÉSULTAT.	ÉPOQUE DE LA MORT.
59	27	Oct. 1823	Lizars.	Du sternum au pubis.	Point de tumeur.	Rétablissement.	Cas rapporté par le dr Bright.
60		Août 1824			id.	id.	— Gooch.
61					id.	id.	— Gooch.
62					id.	id.	
63		1836	Dohlhoff.		id.	id.	
64	60	1837	King.	Petite incision.	id.	id.	
65		1843	Heath.		Ovaire sain.	Mort.	Utérus malade, extirp. de cet organe.

En résumé, il résulte de l'inspection de cette statistique que :

1° Sur 65 opérations : Morts... 23

Succès complets.. 42

2° Sur ces 23 morts, 16 fois la tumeur ovarique a été enlevée complétement;

6 fois l'opération a été incomplète, on a ouvert la cavité abdominale sans enlever la tumeur;

1 fois l'utérus a été extirpé;

3° Que la comparaison de ces cas où l'extirpation de la tumeur a été pratiquée avec ceux dans lesquels on ne trouva point de tumeur, ou dans lesquels on ne put l'enlever, donne :

Pour les premiers, 28 succès complets et................................ 16 morts.

Pour les seconds, 15 cas de rétablissements (sans guérison de la maladie) et 7 morts.

Ce qui fait des deux côtés à peu près 1 mort sur 3 opérées.

Statistique du docteur Atlee (1).

	Guérisons.	Morts.	Proportion.		
Grande incision............. 133	87	46	1 pour 2 41/46	ou	50,54 p. 100
Petite incision............. 28	20	8	1 — 3 1/2	ou	40 —
Longueur de l'incision inconnue. 18	13	5	1 — 3 3/5	ou	38,23 —
Total................. 179	120	59	1 pour 3 2/59	ou	32,96 p. 100

Des 179 opérations 34 ne furent pas terminées ou 18,94 p. 100.
Dans 6 il n'y avait pas de tumeur ou 1 pour 29 5/6 ou 3,35 p. 100.

	Guérisons.	Morts.	Proportion.		
Grande incision............... 19	14	4	1 pour 3 3/4	ou	38 p. 100
Petite incision............... 8	4	4	1 — 2	ou	50 —
Longueur de l'incision inconnue 7	6	1	1 — 7 ·	ou	14,28 —
Total................... 34	24	10	1 pour 3 2/5	ou	29,70 p. 100

Des **6** opérations dans lesquelles on ne trouva pas de tumeur.

	Guérisons.	Morts.	Proportion.
Grande incision............... 5	3	2	
Petite incision............... 1	1	»	
Total................... 6	4	2	1 sur 3 ou 33,3 p. 100

Dans **17** cas d'autres maladies graves coexistaient.

Grande incision........... 14	) La mort est survenue dans 12 cas ; 4 malades chez
Petite incision............ 2	} lesquelles l'opération fut laissée non terminée
Longueur inconnue....... 1	) se sont toutes rétablies.

	Guérisons.	Morts.	Proportion.		
Adhérences.................... 62	36	26	1 sur 2 5/13	ou	51,90 p. 100
Pas d'adhérences.............. 41	29	12	1 sur 3 5/12	ou	29,27 —
Non mentionnées............. 76	55	23	1 sur 3 7/23	ou	30,26 —

(1) Dans l'ouvrage du docteur Churchill, *Diseases of the women,* p. 526 (1864).

1864. — HERRERA.   10

Causes de la mort.

Hémorrhagie.	12
Péritonite.	12
Prostration ou épuisement.	3
Impression morale de l'opération.	2
Inflammation de la muqueuse du gros intestin. Gangrène, pneumonie, etc., etc.	9
Causes non données.	21
Total.	59

Époque de la mort.

Dans les premières 24 heures. 9
    —   —   48   — 9
Du deuxième au septième jour. 14
Du septième au quinzième jour. 4
Le dix-septième jour. 1
En trois semaines. 1
En six semaines. 2
Le soixante-dixième jour. 1
Époque non mentionnée. 18
           Total. 59

Le temps moyen est de 8 jours.

M. Atlee termine cette statistique en faisant les réflexions suivantes :

« Des 17 cas compliqués d'autres maladies graves 7 étaient évidemment impropres pour l'opération, 4 autres cas auraient dû rester non terminés après l'incision abdominale.

« Rejetant les premiers 7 cas de notre appréciation, cela nous laisse 172 opérations légitimes, et considérant les 4 autres cas qui auraient dû rester non terminés selon la mortalité de cette espèce d'opération, nous aurions :

123 guérisons et 49 morts, ou 1 sur 3 25/49 ou 28,48 p. 100.

« Ce que je considère comme la proportion juste donnée par mon tableau encore manuscrit.

« Dans un cas la mort est survenue le 70e jour, dans deux autres après six semaines, et enfin une fois par une chute pendant la convalescence. Je me demande donc si l'on doit considérer la terminaison fatale dans ces cas comme résultat de l'opération, si l'on ne devrait pas plutôt regarder ces malades comme guéries *de l'opération* et les compter comme telles. Si nous les considérons comme guéries, l'appréciation juste sera (après le rejet des 7 cas antérieurs) :

127 guérisons et 45 morts, 1 pour 3 37/45 ou 26,16 p. 100.

« La proportion de la mortalité a diminué de beaucoup depuis la publication de mon tableau en 1845. A cette époque on avait :

1 cas de mort pour 2 25/28 ovariotomies, ou 37,62 p. 100

« Depuis la publication de ce premier tableau 78 nouvelles opérations ont été pratiquées, dans lesquelles on a eu :

1 mort pour 3 5/7 ovariotomies, ou 26,92 p. 100.

une diminution de presque 40 p. 100 dans la proportion de la mortalité. »

« Il y a eu aussi une diminution notable dans les opérations incomplètes, et il faut noter que dans aucun cas depuis on n'a ouvert l'abdomen sans qu'il existât de tumeur. Enfin plusieurs des opérations incomplètes, pratiquées dernièrement, ont été faites expressément comme moyen d'exploration, ce qui prouve que le diagnostic est devenu plus exact. »

Statistique du docteur George H. Lyman (de Boston) (1).

Elle comprend 300 cas d'ovariotomie comprenant aussi le cas de Laumonier (de Rouen), qui, nous l'avons déjà vu, doit être éliminé.

Ovariotomies.	Succès.	Insuccès.	
299	179	120	ou 40 pour 100.

(1) Prize, *Essay in the publications of the Massachusetts Medical Society.* Boston, 1856, p. 56, — et dans *Gross System of surgery*, vol. 2, p. 933.

L'opération fut complète dans :

	Succès.	Insuccès.	
208 cas : de ceux-ci......................	119	89 ou	42,78 pour 100.

L'opération ne put être terminée dans **78** cas, pour lesquels on a eu **55** rétablissements et **22** morts ; le résultat n'est pas donné dans un de ces cas.

L'excision partielle du kyste fut pratiquée

10 fois.................................... 5 succès.　　　5 morts.

Dans **88** cas dans lesquels l'opération ne fut pas terminée, **68** fois ce fut à cause des adhérences ; de ceux-ci, **24** décès.

Dans 8 cas on ne trouva pas de tumeur.

La petite incision fut pratiquée dans

117 cas, et de ceux-ci l'opération fut complète pour **60**, desquels **37** guérisons, **23** morts. — Des **57** à petite incision dans lesquels l'opération ne put être complétée, **44** se rétablirent, **13** succombèrent.

La grande incision fut employée dans

143 cas, **72** guérisons, **51** morts ; **20** fois l'opération fut abandonnée, de ceux-ci **11** se rétablirent et **9** moururent.

L'âge moyen, pour **221** cas, a été de **34, 33** ans. La plus jeune avait **17** ans et la plus âgée **68**.

La cause de la mort est signalée dans **85** cas ; **35** fois par péritonite, **20** par hémorrhagie, **12** par épuisement, **2** par shock, **2** par pneumonie, **2** par diarrhée.

La plus petite mortalité est entre **50** et **60** ans, et la plus grande au-dessous de **20**.

La durée de la maladie exerce une influence considérable pour le résultat ; la guérison est plus fréquente quant la maladie date seulement depuis **3** ou **4** ans.

La différence de mortalité entre les femmes mariées et celles qui ne le sont pas est très-minime.

Finalement les chances de succès diminuent avec la coexistence d'une affection de l'utérus ou une autre maladie.

Statistique de M. T. Saford Lee.

M. T. S. Lee (1) a donné une statistique dont voici le résumé :

Total des opérations.	Guérisons.	Morts.	Proportion.
114	74	40	1 sur 2 85/10, ou 35,08 pour 100.

Opérations non terminées..... 24			21,05 —
Adhérences.................. 46		1 pour 2 1/2,	40 —
Pas d'adhérences............. 35		1 pour 3,	33,3 —
Non mentionnées............ 33			
Grande incision............................		1 pour 2 1/2,	40 —
Petite incision............................		1 pour 6,	16,6 —

Époque de la mort.

Dans les 36 heures... 14 malades.
Dans la première semaine....................................... 25

Caractères de la tumeur.

Tumeur solide, mortalité........................... plus de 50 pour 100.
Tumeur en partie solide, en partie liquide............. moins que 33 —

Statistique du docteur Fock (2).

	Opérations.	Guérisons.	Morts.	
Cas rassemblés..............	292	120	120	1 sur 2 13/30, 41,09 p. 100.
Guéris de l'opération, mais non de la maladie......................		52	»	
Total...............		172	120	
Opérations non terminées..........		92		31,54 —

Statistique du docteur Robert Lee (3).

Elle comprend les opérations pratiquées dans la Grande-Bretagne jusqu'à 1851.

(1) *On tumors of the uterus*, etc., p. 210, et Append., p. 264.
(2) *Brit. and for. medic. chir. Rev.*, oct. 1856, p. 552.
(3) *Clinical reports of ovarian*, etc., by Robert Lee. London, 1853

En tout 162. Dans 60, la tumeur ne put être extirpée ; 19 de ces cas furent fatals.

Des 102 cas restants, on a eu 60 guérisons et 42 morts.

En résumé

	Succès.	Insuccès.		Proportion.
162 cas......................	101	61	ou	37,53 pour 100.

Statistique du docteur P. J. Buckner (1).

Elle ne comprend que les cas opérés dans l'État d'Ohio jusqu'à 1854 :

	Succès.	Insuccès.
11 cas......................	6	5

A ceux-ci M. Churchill a ajouté 13 qui sont venus à sa connaissance appartenant au même État. On aurait donc :

Ovariotomies.	Succès.	Insuccès.		Proportion.
24	11	13	ou	54,16 pour 100.

Dans notre historique nous avons donné la statistique du docteur Gustave Simon (de Darmstadt).

Statistique du docteur Clay.

Le docteur John Clay, qui a fait l'analyse la plus complète que l'on puisse imaginer des cas où cette opération a été pratiquée, a résumé tous les tableaux précédents. Pour chaque cas il présente en forme de tableau tout ce qu'il y a d'intéressant : date de l'opération, nom de l'opérateur, âge de la malade, durée et progrès de la maladie, conditions de la malade avant l'opération, anésthesique, mode d'administration et préparation employée, longueur de l'incision, adhérences, nature de la tumeur, procédé opéra-

(1) *Medical Times.* May 1859.

toire et accidents pendant l'opération, pédicule laissé dans l'intérieur de la cavité abdominale, ou retenu en dehors, méthode de réunion de la plaie, sutures comprenant le péritoine ou non, symptômes de réaction, durée de la convalescence et du traitement, état consécutif, source d'information.

Je regrette que la longueur de ce travail m'empêche de le placer dans cette thèse, et je me contenterai de donner ses résumés.

Dans un premier tableau sont compris les cas dans lesquels un ou les deux ovaires ont été extirpés et les malades guéries de l'opération : 212 cas.

Dans le second, sont classés les cas d'extirpation d'un ou de deux ovaires, mais dont les malades sont mortes à la suite de l'opération : 183 cas.

Dans le troisième sont compris les cas où les kystes ne furent excisés que partiellement : 24 cas, dont 10 guérisons, 14 morts.

Dans le quatrième tableau sont donnés les détails des cas ou l'ovariotomie a été tentée, et qui sont divisés dans les sections suivantes :

A. Extirpation des tumeurs extra-ovariennes.

13 cas, dont 11 tumeurs utérines, 1 mesentérique et 1 supposée grossesse extra-utérine tubaire.

3 se sont rétablies de l'opération dont 1 a vécu neuf ans. Une autre est morte de phthisie trois ans après, et la troisième est morte du choléra le trente-neuvième jour de l'opération.

10 sont mortes des suites de l'opération.

B. Cas abandonnés à cause des adhérences. Sur 82 de ces cas, 58 rétablies de l'opération, 24 morts.

Pour ce qui est de l'état consécutif des cas où le *rétablissement* a eu lieu, 10 seraient vivantes au moment du rapport ; dans quelques-uns de ceux-ci plusieurs années se sont passées depuis la tentative d'opération, 2 sont devenues enceintes et des 21 autres on ne parle pas ; des autres, 12 ont vécu six mois après l'opération ; 5, un an ; 4, deux ans ; 2, trois ans ; 1, quatre ans, et 3, six ans.

Des cas *malheureux*, 6 sont mortes de péritonite, 3 d'épuisement,

— 80 —

1 d'ouverture d'un abcès hépatique, 3 de gangrène partielle du kyste. Pour les autres 11 cas, la cause de la mort n'est pas donnée.

C. Cas abandonnés parce que la maladie était extra-ovarienne, 23 cas.

De ces 23 cas, 16 se sont rétablies, 3 sont mortes et des 4 autres il n'est pas fait mention.

Par rapport à l'état consécutif, des 16 cas de succès, 2 ont vécu six mois ; 1, deux ans ; 1, quatre ans ; 1, vingt-cinq ans ; 3 vivaient encore au moment du rapport ; et des huit autres il n'est pas fait mention.

Des 3 morts, 2 sont arrivées par épuisement et 1 de péritonite et gangrène.

Quant à la nature des tumeurs, 12 étaient utérines ; 1, splénique ; 2, épiploïques ; 1, supposée grossesse tubaire ; 1, obésité, etc. ; 2, résultant de péritonite chronique ; 1, mésenterique ; dans deux cas la tumeur ne fut pas découverte, et dans un cas la nature de la tumeur n'est pas indiquée.

Les tableaux qui vont suivre sont un résumé des points les plus importants qu'on a trouvés consignés dans le détail des 395 ovariotomies complètes. Il me.paraît inutile de faire ressortir leur mérite.

Age des malades.

Ages	17	18	19	20	21	22	23	24	25	26	27	28	29	30	31	32	33	34	35	36	37	38	39	40	41
Succès	2	2	3	5	7	2	4	5	10	6	5	7	5	4	5	7	9	2	3	3	4	7	4	3	2
Insuccès	»	2	2	5	3	5	4	6	1	3	4	7	6	10	4	5	2	»	6	1	5	4	4	5	2
Total	2	4	5	10	10	7	8	11	11	9	9	14	11	14	9	12	11	2	9	4	9	11	8	8	4

Ages	42	43	44	45	46	47	48	49	50	51	52	53	54	55	de 55 à 60	Plus de 60	Totaux.
Succès	3	1	»	6	3	4	1	2	1	3	2	»	»	»	7	3	152
Insuccès	2	1	1	8	2	2	»	2	3	2	3	»	»	»	6	1	129
Total	5	2	1	14	5	6	1	4	4	5	5	»	»	»	13	4	281

Pays dans lesquels l'opération a été pratiquée.

	Succès.	Insuccès.	Total.
Grande-Bretagne.................	127	95	222
Allemagne......................	13	38	51
Amérique......................	64	49	113
Inconnu.......................	8	1	9
Total..................	212	183	395

État de la malade au moment de l'opération.

Santé générale.	Succès.	Insuccès.	Total.
Bonne.........................	21	21	42
Altérée........................	17	25	42
Très-altérée....................	47	46	93
Complication d'autre maladie......	21	27	48
— avec la grossesse.....	2	2	4

Durée de la maladie.

	Succès.	Insuccès.	Total.
De 6 à 12 mois....................	21	11	32
— 1 à 2 ans......................	13	29	42
— 2 à 3 —	12	16	28
— 3 à 4 —	10	9	19
— 4 à 5 —	6	5	11
— 5 à 6 —	8	7	15
— 6 à 7 —	4	1	5
— 7 à 8 —	3	1	4
— 8 à 9 —	0	1	1
— 9 à 10 ans....................	1	2	3
Au-dessus de 10 ans..............	10	5	15
Total...................	88	87	175

Nombre des ponctions.

Ponctions.	Succès.	Insuccès.	Total.
1	29	23	52
2	13	9	22
3	7	2	9
4	3	5	8
5	2	1	3

6	1	1	2
7	4	1	5
8	2	2	4
9	0	1	1
10	0	2	2
Plus de 10	8	9	17
Total.	69	56	125

Incisions et sutures.

	Succès.	Insuccès.	Total.
Courte..........................	36	37	73
Moyennne........,.............	38	35	73
Longue....,...................	102	45	147
Suture interrompue..............	126	105	231
Épingles ou suture métallique.....	18	12	30
Sutures comprenant le péritoine...	9	11	20

Anesthésiques.

	Succès.	Insuccès.	Total.
Non administré.,................	45	37	82
Administré......................	134	108	242
Total...................	179	145	324

Adhérences.

	Succès.	Insuccès.	Total.
Faibles..........................	66	45	111
Étendues.......................	67	66	133
Exigeant une ligature.............	13	29	42
Pas d'adhérences.................	68	31	99

Nature et volume des tumeurs.

	Succès.	Insuccès.	Total.
Uniloculaire.....................	19	25	44
Multiloculaire...................	66	106	172
Solide..........................	8	13	21
Petite...........................	4	3	7
Moyenne........................	14	17	31
Volumineuse....................	30	48	78
Les deux ovaires malades..........	8	6	14

Pédicule.

	Succès.	Insuccès.	Total.
Laissé dans l'abdomen................	113	58	171
Probablement laissé dans l'abdomen	76	97	173
Retenu en dehors par différents moyens........................	20	25	45
Lié en deux ou plusieurs parties....	122	57	179
Lié séparément....................	22	26	48
Cousu dans la plaie...............	3	3	6
Divisé avec l'écraseur.............	2	1	3

Temps du rétablissement dans les cas de guérison.

En 14 jours..............	5
— 3 semaines..........	35
— 4 —	21
— 5 —	15
— 6 —	12
— 7 —	4
— 8 —	10
— 9 —	1

Durée de la vie, après l'opération.

Grossesse postérieure.........................	23
Mort dans la première année...................	6
Vivant après { 1 an................................	10
2 ans...............................	16
3 ans...............................	7
4 ans...............................	5
5 ans...............................	5
6 ans...............................	5
7 ans...............................	4
8 ans...............................	4
9 ans...............................	4
10 ans..............................	9
Au-dessus de 10 ans..................	8

Insuccès. — Époque et cause de la mort.

	Collapsus.	Hémorrhagie.	Péritonite.	Phlébite.	Tétanos.	Affections intestinales.	Abcès.	Affection thoracique.	Congestion du cerveau.	Diabète.	Non mentionné.	TOTAL.
En 2 heures	»	3	»	»	»	»	»	»	»	»	»	3
Entre 2 et 12 heures	2	2	»	»	»	»	»	»	»	»	3	7
— 12 et 24 —	6	6	4	»	»	»	»	»	»	»	3	19
— 24 et 36 —	4	3	8	»	»	»	»	»	»	»	2	17
— 36 et 48 —	2	4	9	»	»	2	»	»	»	»	1	18
Au 3e jour	2	3	12	»	»	»	»	1	»	»	4	22
— 4e —	2	1	6	»	»	»	»	1	»	»	»	10
— 5e —	2	1	5	»	»	1	»	»	»	»	2	11
— 6e —	2	1	7	»	»	»	»	1	»	»	»	11
— 7e —	1	»	2	»	1	1	»	»	1	»	2	8
— 8e —	»	»	»	»	»	1	»	»	»	»	»	1
— 9e —	1	»	2	»	»	1	»	»	»	»	»	4
— 10e —	1	»	2	»	»	»	»	»	»	»	»	3
— 11e —	»	»	1	»	»	»	»	»	»	»	»	1
Du 11e au 13e jour	»	»	2	»	1	»	»	»	»	»	1	4
— 13e au 15e —	»	»	»	»	»	»	»	1	»	»	»	1
— 15e au 18e —	»	»	1	»	»	»	»	»	»	1	»	2
De la 3e à la 4e semaine	»	»	3	»	»	»	»	»	»	»	»	3
— 4e à la 5e —	»	»	»	»	»	»	1	»	»	»	»	1
— 5e à la 6e —	»	»	»	»	»	»	»	»	»	»	1	1
— 6e à la 7e —	»	»	»	»	»	»	2	»	»	»	»	2
— 7e à la 10e —	»	»	»	1	»	»	»	»	»	»	»	1
Total	25	24	64	1	2	6	3	4	1	1	19	150

Nous avons cru qu'il était bon de citer toutes ces statistiques malgré les reproches plus ou moins fondés qu'on a pu leur adresser. En effet, on accuse certains chirurgiens de ne publier que leurs succès sans être aussi ouverts pour leurs cas malheureux. Mais ce reproche a moins de valeur ici que pour les autres opérations, d'abord parce que l'ovariotomie étant un fait nouveau attire l'attention de tout le public médical; ensuite la gravité même de cette opération impose moins de crainte et de réserve pour les chirurgiens à publier leurs insuccès.

Toutefois, ces précédentes statistiques ne sont pas les seuls points d'appui dont nous nous servons pour soutenir l'admissibilité de l'ovariotomie; elles viennent seulement en aide aux documents précieux que nous venons de recevoir d'Angleterre. Personne ne contestera l'immense autorité de MM. Clay (de Manchester), Thyler Smith, Balker Brown, Spencer Wells, auxquels nous sommes heureux de donner ici un témoignage public de notre reconnaissance pour l'empressement et la bienveillance avec lesquels ils ont bien voulu nous communiquer les résultats de leur propre expérience jusqu'aujourd'hui (16 avril 1864.)

A ces résultats nous ajouterons ceux que nous empruntons à **M. Bryant.** Ils présentent un intérêt particulier, à savoir que, le premier, il a obtenu dans un grand hôpital d'aussi beaux résultats que ceux fournis par la pratique civile ou celle des petits hôpitaux.

	Opérations.	Succès.	Insuccès.	Proportions.
MM. Thiler Smith.....	21	16	5	33,81 pour 100.
Baker Brown....	62	34	28	45,16 —
Spencer Wells...	91	61	30 (1)	32,96 —
Ch. Clay.........	111	76	35 (2)	31,53 —
Bryant..........	10	6	4 (3)	40 —
Total.....	295	193	102	34,57 pour 100.

En résumé nous voyons que la proportion des cas malheureux n'est que de 1 sur 3. Cette proportion est l'expression de l'état actuel de l'ovariotomie entre les mains des hommes qui ont une pratique et une expérience suffisantes, et tout fait espérer que les succès ne feront qu'augmenter à mesure que les chirurgiens seront plus familiarisés avec les indications de l'opération et avec les soins qu'elle réclame.

(1) M. Spencer Wells a pratiqué ses deux dernières opérations, la première le 27 mars et la deuxième le 4 avril 1864, par conséquent, il ne peut pas dire quel sera le résultat de ces deux opérations, cependant les malades sont en très-bon état.

Trois des opérées ont eu des enfants après l'opération :

Une treize mois après

Autre deux ans ;

La troisième est à présent enceinte, ayant été opérée en juin 1862 (communiqué par l'auteur).

(2) M. Clay a excisé l'utérus trois fois : une de ces malades est guérie ; une autre est morte quinze jours après, mais non à cause de l'opération ; la troisième est morte immédiatement (communiqué par l'auteur).

(3) *Medical Times*, 19 mars 1864.

Mais en prenant la proportion que nous donne notre tableau, on voit que l'ovariotomie est aussi admissible, sinon plus, que les autres grandes opérations acceptées aujourd'hui par tous les chirurgiens.

En effet, nous avons un résultat de 30 morts sur 100 opérés. Que deviendraient ces 100 malades abandonnées à elles-mêmes ? Il nous paraît certain que quand l'opération est formellement indiquée, c'est-à-dire dans les cas où les progrès de la maladie sont rapides, les autres moyens de traitement impuissant et les malades arrivées à un état de souffrance et d'épuisement tels qu'une fin prochaine est inévitable dans ces cas, disons-nous, au lieu d'avoir 34 pour 100, ce serait 80 morts qu'il faudrait peut-être enregistrer. M. Léon Lefort examine ce point avec une logique irréprochable, en prenant pour base de son argumentation la seule statistique d'*abstention* qui existe et qui est due à M. Robert Lee, ce chirurgien anglais qui a poussé son aversion pour l'ovariotomie si loin qu'il n'a jamais voulu assister à une opération.

« Dans 44 cas où l'ovariotomie pourrait être indiquée, 32 fois la mort arriva malgré un traitement palliatif, ponctions, etc. 1 fois le résultat est douteux, 1 fois la mort est simplement mentionnée. 2 malades étaient données comme mourantes, une autre « arrivait rapidement à une terminaison fatale de la maladie. »

« D'autre part, une guérison après ponction se maintenait encore après vingt-six ans; dans deux autres cas les malades vivaient encore trois ans après ; enfin il y avait eu deux mortes à la suite de l'ovariotomie et un décès après une incision exploratrice. Ainsi l'abstention avait donné 36 décès sur 40 malades c'est-à-dire 81 pour 100 de mortalité, même comptant comme étant guéries par l'expectation les malades mortes par l'ovariotomie; la mort dans ces faits d'abstention était survenue dans le délai de vingt mois. Qu'a donc donné l'ovariotomie (1)? » Nous l'avons déjà vu.

Soumettant à un rapide examen les arguments qui ont été si bien développés dans les différents travaux publiés sur ce sujet, on restera convaincu,

____

(1) Léon Lefort, *Gazette hebdom.*, 1865, p. 17.

je l'espère, que cette opération est admissible à aussi bon droit que toute autre.

En effet, commençons par comparer les résultats donnés par quelques autres opérations pratiquées journellement par tous les chirurgiens :

Amputations.

M. Malgaigne a trouvé sur 852 amputations des membres, y compris les doigts et les orteils,

332 morts ou 38,96 p. 100 (1).

Le docteur Lawrie a montré que sur 276 pratiquées à l'infirmerie de Glasgow de 1795 à 1840,

101 furent fatales ou 36,59 p. 100.

De 1839 à 1843, on a pratiqué à l'infirmerie d'Édimbourg, suivant Churchill (2) :

72 amputations, 35 morts, ou presque 50 p. 100.
18 de ces amputations furent *primaires* (ou par cas traumatique) et de celles-ci :
4 de la jambe dont 3 morts,
4 de l'épaule — 3 —
1 du bras — 1 —
8 de la cuisse — 8 —

(1) M. Malgaigne nous dit : « Encore faut-il ajouter que le nombre de ces malades, sortis avant la guérison complète, ont bien pu ajouter quelque chose au chiffre des morts. »

Pour les grandes amputations, le même auteur nous donne :

Cuisse.	201	morts 126	ou 62	pour 100.
Jambe.	192	— 106	55	—
Bras.	91	— 41	45	—
Avant-bras , . .	28	— 8	28	—

Ce sont les résultats des hôpitaux de Paris de 1836 à 1841. M. Frelat a réuni 1,144 représentant la pratique de ces dernières années jusqu'à 1861. Ces 1,144 amputations ont fourni 522 morts ou 45 pour 100.

(2) M. L. Lefort (*Gazette hebdom.*, 1861), dans son intéressant travail sur les hôpitaux de Londres com-

Hernies.

M. Malgaigne a fait le relevé de toutes les opérations de débridement pratiquées dans les hôpitaux de Paris, de 1836 à 1842, et il a trouvé :

220 opérations, 133 morts ou 60 p. 100.

Dans les hôpitaux de Londres, sur :

266 opérations, 135 morts ou 50 p. 100.

M. Textor (de Würtzbourg) communique à **M.** Malgaigne les résultats de sa pratique :

56 opérations, 24 morts, environ 43 p. 100.

A. Cooper donne :

77 opérations, 36 morts, environ 46 p. 100.

Ligatures d'artères.

Le docteur Phillips a rassemblé l'histoire de 171 cas de ligatures d'artères volumineuses qui lui ont donné :

171 ligatures, 57 morts ou 33 p. 100.

Le docteur Inman, de son côté, donne les résultats de 199 opérations du même genre, et il a eu :

199 ligatures, 66 morts, environ 33 p. 100.

parés à ceux de Paris, nous présente une statistique des amputations dans les hôpitaux de cette première ville. Voici ces résultats :

Hôpital Guy, 107 amputés : 74 guéris et 33 morts ; 30.8 pour 100.

Hôpital de Glasgow, 152 opérés : 71 guéris, 81 morts ; 53.6 pour 100.

Hôpital Saint-Thomas, 20 opérés : 15 guéris, 5 morts ; 25 pour 100.

Pour les amputations par cause traumatique, la proportion est 70.5 pour 100 ; pour celles par cause pathologique, 17.5 pour 100.

Norrit (de Philadelphie) (1) a rassemblé un grand nombre d'observations :

1° Ligatures pour des affections étrangères à l'artère, tumeur érectile, etc. :

60 ligatures, 19 morts, environ 31 p. 100.

2° Ligatures à cause des anévrismes spontanés ou traumatiques :

32 ligatures, 12 morts, environ 37 p. 100.

3° Ligatures nécessitées par des plaies ou hémorrhagies :

30 ligatures, 15 morts, environ 50 p. 100.

M. Nélaton nous présentait le mois dernier, dans sa clinique, un relevé qu'il avait fait des résultats des anévrismes, des artères ischiatiques ou fessières traités par la méthode d'Anel. Voici ce tableau :

Anévrismes traités par la méthode d'Anel.

ARTÈRES.	LIGATURES.	RÉSULTATS.	OPÉRATEURS.
Ischiatique.............	Iliaque interne.........	Guérison.....	Stevens.
Fessière...............	*Id.*	Mort.........	Akison.
Id.	*Id.*	Guérison.....	P. With.
Id.	*Id.*	Mort.........	Altemuller.
Id.	*Id.*	Guérison.....	Mott.
Id. traumatique....	*Id.*	Mort.........	Torrachi.
Id. *Id.*	*Id.*	Mort.........	Bigilou.
Id. spontanée......	Ischiatique, puis iliaque.	Mort.........	Alde.
Ischiatique spontanée..	Iliaque primitive.......	Mort.........	Dugos.

En résumé 9 ligatures, 6 morts (2).

(1) Malgaigne, *Médecine opératoire*, p. 161.

(1) Il faut ajouter que l'éminent professeur considère ces résultats comme relativement très-satisfaisants, et il craint que dans l'avenir la mortalité ne soit encore plus grande. Ainsi, il désapprouve cette opération.

On voit donc que l'ovariotomie, qui inspire tant de craintes aux chirurgiens, n'est pas plus dangereuse que la plupart des opérations qu'on pratique si souvent pour des affections qui sont loin, dans certains cas, de présenter la gravité d'un kyste de l'ovaire arrivé à la période où l'extirpation est indiquée. Il y a une autre différence que nous tenons à constater : quand on pratique l'amputation de la cuisse à un malade qui a une tumeur blanche, on a débarrassé ce malheureux de sa tumeur blanche, mais les diathèses tuberculeuse, arthritique ou scrofuleuse continueront leur marche et conduiront dans la majorité des cas les malades au tombeau. Le kyste de l'ovaire, au contraire, étant une affection purement locale, permet un rétablissement très-complet après l'opération : exemple, la première femme opérée par Mac Dowel en 1809. Cette femme mourut en 1841, à l'âge de soixante-dix-huit ans, ayant joui d'une excellente santé : exemple encore, le nombre relativement considérable des femmes qui sont devenues mères une ou plusieurs fois après l'opération. Ajoutons enfin que presque toutes les opérées reprennent leurs travaux habituels en sortant d'une assez courte convalescence.

On a objecté à ce parallèle entre les grandes opérations et l'ovariotomie, que les premières se pratiquent généralement d'urgence, et que, par conséquent, il ne reste pas de choix au chirurgien. A cela nous répondrons qu'il y a une limite dans laquelle l'ovariotomie est réclamée aussi impérieusement que le débridement d'une hernie, que la ligature d'une artère pour un anévrisme ou que l'amputation d'un membre. En effet, passé une certaine époque, les malades n'auraient plus de force pour résister à une opération, et elles seraient alors condamnées à une mort certaine et prochaine. C'est sous ce point de vue que nous prétendons que l'ovariotomie est, dans certains cas, une opération d'urgence.

Mais supposons que la vie soit encore possible pendant un temps plus ou moins long, et nous verrons que, même dans ce cas, on serait autorisé à pratiquer l'opération suivant l'analogie. Un calcul dans la vessie est une affection qui incommode beaucoup les malades, mais qui ne compromet leur vie qu'après un temps plus ou moins long de cette existence pénible.

Cependant on n'attendra pas pour pratiquer la lithotritie que de graves complications soient venues rendre plus dangereux le résultat de l'opération. Quelle différence y a-t-il entre ces deux affections, au point de vue où nous devons nous placer? La principale, sinon la seule, est que les kystes de l'ovaire présentent une gravité incontestablement plus grande que les calculs vésicaux. Quant aux résultats de l'opération, nous allons donner les statistiques réunies par M. Malgaigne. D'après cet auteur, M. Velpeau, sur

24 lithotrities a eu 4 morts, 16,56 p. 100.

M. Civiale a recueilli les lithotrities pratiquées dans les hôpitaux de Paris de 1836 à 1842, et il a trouvé

38 opérés, 11 morts, environ 30 p. 100.
— 3 sujets qui ont gardé leur pierre,
— 2 résultats inconnus.

Dans son service, M. Civiale a pratiqué lui-même

40 lithotrities dont 10 morts, 25 p. 100.
— — 24 guérisons,
— — 6 gardant leur pierre.

Il faut cependant remarquer que les résultats de la pratique privée paraissent avoir été bien plus heureux.

Si, au lieu de lithotritie, c'est la taille que nous comparons, et certainement la comparaison ne sera que plus juste, nous verrons que M. Malgaigne, qui a fait le relevé de toutes les opérations de ce genre pratiquées dans les hôpitaux de Paris, de 1836 à 1842, a trouvé que

Sur 75 opérés 28 ont succombé, 37 p. 100.

Ce chiffre de mortalité, qui diminue quand on pratique les opérations dans la clientèle de la ville ou dans les provinces, augmente considérablement à mesure que l'on s'approche du terme de la vie. Ainsi, pour les 75 dont nous avons parlé, on a eu

De 2 à 5 ans..........	6 opérés,	3 morts,	50 p. 100.
— 5 à 15 —	28 —	4 —	14 —
—15 à 50 —	26 —	9 —	35 —
—50 à 80 —	15 —	12 —	80 —

En comparant ces différentes statistiques à celles que nous avons réunies pour l'ovariotomie, on voit que, dans bien des cas, il y a un avantage en faveur de cette dernière opération.

Nous croyons inutile de prolonger cette discussion. Pour la continuer avec succès, il nous suffirait de comparer l'extirpation des tumeurs du cou, de l'aisselle, de l'arrière-gorge, des cancers en général, avec cette opération qui offre au moins pour première chance de ne pas exposer à des récidives.

Les autres objections qu'on a faites à l'ovariotomie sont encore moins fondées ; on a dit que le diagnostic des kystes de l'ovaire présentait quelquefois des difficultés insurmontables. Tous les jours ce diagnostic devient plus précis, et heureusement ces cas de difficultés extrêmes sont assez rares et doivent naturellement être rangés parmi les contre-indications de l'opération. Quant aux fautes de diagnostic qui ont été commises par certains chirurgiens, mettant ainsi en danger la vie des malades par une opération inutile, il me paraît injuste de faire servir comme argument contre l'opération ce qui n'appartient qu'à l'inexpérience des opérateurs ; en outre, on voit que le diagnostic se perfectionne de jour en jour, et depuis longtemps, comme le fait remarquer Churchill, on n'ouvre plus l'abdomen sans rencontrer de tumeur, fait qui se présentait souvent dans les premiers temps de l'ovariotomie.

Quelques chirurgiens présentent, comme un argument sérieux, que cette opération, n'étant pas bien jugée par le vulgaire, compromet les intérêts professionnels en cas d'insuccès. C'est une question qu'on doit laisser à l'appréciation de chaque médecin ; pour notre part nous croyons que l'opération est légitimée par la gravité de la maladie, par les souffrances qu'elle fait éprouver aux malheureuses femmes qui en sont atteintes, et surtout par l'impuissance bien reconnue de tous les autres moyens de traitement, et dès lors, dans les cas où elle est bien indiquée, il serait inhumain de la refuser aux malades qui la demandent.

INDICATIONS ET CONTRE-INDICATIONS.

C'est, sans contredit, un des points les plus importants de la question, et pour bien le traiter, il faudrait une longue expérience que naturellement nous devons demander aux hommes qui ont été à même de l'acquérir par le grand nombre d'opérations qu'ils ont pratiquées. Malheureusement les praticiens ne sont pas tous d'accord sur ce point comme sur bien d'autres.

Nous avons dit dans un autre chapitre que l'ovariotomie devait être réservée en général pour les cas où les autres moyens de traitement étaient inutiles. On sait, par exemple, que les injections iodées réussissent très-souvent quand elles sont appliquées à des kystes uniloculaires et séreux ; mais on sait aussi qu'elles sont, non-seulement inutiles, mais très-dangereuses lorsqu'il s'agit des kystes multiloculaires à liquide filant. Dès lors la première chose qui doit préoccuper le médecin, c'est la *nature du kyste ;* pour cela nous avons tâché de donner plus haut les éléments de diagnostic. Il faut se rappeler que M. Boinet lui-même considère comme propres à l'opération les kystes simples qui ont résisté aux autres méthodes de traitement et qui compromettent l'existence des malades.

Il faut ensuite s'assurer qu'il n'existe pas de complication capable d'enrayer l'opération ou de la rendre fatalement mortelle, telles que les adhérences multiples, la grossesse, l'inflammation dans la cavité abdominale, les affections graves concomitantes. Un mot sur chacune de ces contre-indications.

Adhérences. — On a pu voir, quand nous avons essayé de donner les signes propres à faire reconnaître cette complication, les difficultés que l'on a dans certains cas pour avoir la certitude de leur existence ou de leur absence, et même quand on les a diagnostiquées, on ne peut connaître à

l'avance ni leur étendue, ni leur résistance, ni les organes qu'elles inté-
ressent.

Autrefois on considérait comme une contre-indication formelle la présence des adhérences ; mais on est bien revenu de cette idée depuis qu'on
a eu l'occasion d'observer un grand nombre de succès à la suite de l'extirpation de kystes qui adhéraient largement aux parties environnantes.
Cependant il faut reconnaître que les chances diminuent avec l'étendue,
la résistance et la vascularité des adhérences ; nous avons déjà vu dans
les résumés de M. Clay que la proportion de la mortalité est environ de

31 pour 100 quand il n'y a pas d'adhérence,
40   —   quand les adhérences sont faibles,
48   —   quand elles sont étendues,
69   —   quand elles ont exigé des ligatures.

Ces résultats nous autorisent à abandonner l'opération quand les adhérences seraient ou très-considérables et résistantes, ou bien quand elles
intéresseraient des organes importants tels que la vessie, les uretères et
les intestins, etc. Sur 82 malades chez lesquelles l'opération a été abandonnée à cause des adhérences, on a eu 24 morts ou 29 pour 100, au lieu
de 69 qu'on aurait dû avoir si l'opération avait été terminée. Pour nous
résumer, nous dirons que les adhérences ne constituent qu'exceptionnel-
lement une contre-indication de l'ovariotomie.

La *grossesse*, que l'on confond si fréquemment avec les kystes de l'ovaire
au début, est naturellement une contre-indication quand elle vient les compliquer : nous avons déjà insisté longuement sur ce point, et nous répé-
terons seulement qu'en cas de doute, il faut s'abstenir de toute opération.

Les *phlegmasies aiguës ou chroniques de la cavité abdominale* doivent être
considérées comme une contre-indication des plus précises ; dans ces cas
la péritonite est presque certaine et la mort imminente, ainsi que le démontrent plusieurs observations authentiques.

Les *maladies graves concomitantes*, telles que le cancer, la phthisie,
avancée, l'ascite produite par une maladie autre que le Kyste lui-même, et

surtout par la maladie de Bright. On doit bien examiner l'état des urines avant de prendre une décision. Dans le chapitre que nous avons consacré aux complications, nous avons tâché de donner les caractères différentiels; nous rappelerons ici que l'urine des albuminuriques présente une diminution très-notable de l'urée, que la quantité d'albumine est toujours la même aux différents moments de la journée; enfin l'anasarque des parties supérieures du corps, et la présence dans l'urine des tubuli des reins, ou des cylindres fibrineux d'exsudation sont autant de signes qui feront reconnaître la *maladie de Bright*.

Pour quelques chirurgiens, l'*ascite* serait une contre-indication. Cependant M. Spencer Wells et d'autres ont eu des cas compliqués d'ascite, dans lesquels l'ovariotomie a été couronnée de succès. (Voir *Gazette hebdomadaire*, 1862, p. 141.) Nous croyons que l'ascite, due simplement à la compression produite par la tumeur ovarienne, ne doit pas être considérée comme une contre-indication, à moins qu'elle ne soit accompagnée d'un état phlegmasique.

Traitements antérieurs. — La question importante à traiter dans ce chapitre est évidemment celle des ponctions antérieures, si l'on admet que ces ponctions sont le plus ordinairement suivies d'adhérences. Or, malgré l'opinion contradictoire de M. Boinet, c'est un fait qui paraît parfaitement établi; en effet, ayant parcouru et analysé sous ce point de vue les observations contenues dans le travail de M. Clay, nous avons trouvé les résultats suivants :

> Sur 135 cas où il est fait mention de la ponction,
> 116 fois les tumeurs présentaient des adhérences,
> 29 fois les adhérences n'existaient pas.

Dans les cas où il est dit que la ponction ne fut jamais pratiquée, on trouve rarement des adhérences.

Ceci nous prouve en somme que les ponctions ont une influence certaine sur la production des adhérences, et il ne pouvait guère en être autrement, quand'on se rappelle qu'il est fréquent d'observer à la suite un travail inflammatoire plus ou moins léger, mais parfaitement suffisant pour faire adhérer entre elles des parties qui ont une aussi grande tendance à s'unir par le fait de la plus simple phlegmasie. Quoi qu'il en soit de la réalité des adhérences succédant aux ponctions, nous avons vu que les premières ne sont pas une contre-indication formelle, si ce n'est dans les cas exceptionnels que nous avons énumérés ; par conséquent, nous pouvons dire la même chose pour les ponctions.

Pour ce qui est des *injections iodées*, nous citerons l'opinion de M. Boinet, qui dit : « Les injections iodées et les ponctions pratiquées antérieurement dans un kyste de l'ovaire, ne sont pas nuisibles au succès de l'ovariotomie, comme l'ont soutenu quelques chirurgiens ; lui, au contraire, les croit d'un grand secours à cette opération, parce qu'elles favorisent le retrait des loges du kyste, l'épaississement de ses parois et diminuent le kyste d'autant, ce qui est d'une grande importance au point de vue de l'ouverture qu'il faut pratiquer pour l'extirpation. D'un autre côté, les parois des kystes, en revenant sur elles-mêmes, offrent plus de résistance aux instruments au moment de l'extraction du kyste, et empêchent ainsi la chute de leur contenu dans le péritoine, ce qui a lieu trop souvent lorsque les parois du kyste sont minces et par conséquent faciles à déchirer. Rien qu'à ce point de vue, les injections iodées nous paraissent d'une grande utilité. »

Cette opinion n'est pas acceptée par tous les chirurgiens, et d'ailleurs les observations de M. Boinet ne sont ni assez nombreuses ni assez concluantes pour qu'on se range d'emblée à son avis.

Quant aux autres traitements qu'on aurait pu employer contre un kyste de l'ovaire, il y en a un qu'il faut signaler comme contre-indiquant l'ovariotomie : nous voulons parler de l'*excision partielle du kyste*, qui produit la guérison en provoquant un travail suppuratif, et qui doit nécessairement donner lieu à des adhérences nombreuses. Il doit en être de même de l'*incision*, de la *canule à demeure*, etc., opérations qui heureusement sont presque abandonnées aujourd'hui.

Une *ovariotomie antérieure* n'a pas été un obstacle à l'extirpation d'un kyste développé postérieurement dans l'autre ovaire. M. Spencer Wells a pratiqué sans aucune difficulté une opération de ce genre que l'on trouvera à la fin de ce travail.

L'*âge des malades* paraît avoir une influence moins grande que celle qu'on serait tenté de lui donner de prime abord, quant aux résultats de l'opération ; ce que nous pouvons dire, c'est que les kystes de l'ovaire, se développent avec une rapidité extraordinaire chez les jeunes femmes, aussi doit-on attendre moins longtemps chez elles pour prendre un parti. On voit au contraire que la maladie reste stationnaire ou se développe avec une extrême lenteur chez les personnes d'un certain âge ; dans ces cas un chirurgien prudent oserait-il exposer de bonne heure les malades à une telle opération ? Ceci nous conduit naturellement à parler de l'*époque* à laquelle l'ovariotomie doit être pratiquée. C'est sur ce point que règne le désaccord le plus complet : les uns prétendent qu'appliquée au début des kystes, l'ovariotomie donne de bien meilleurs résultats, surtout quand on a affaire à des malades jeunes et bien constituées ; d'autres, sans nier les avantages que cette pratique peut présenter, quant à la résistance des malades pour l'opération, préfèrent attendre que des accidents graves viennent compromettre l'existence. C'est l'avis de M. le professeur Nélaton, et je crois présenter l'indication la plus sage en citant ce que nous lui avons entendu dire à cet égard dans une leçon clinique il y a peu de jours :

« Pratiquer l'ovariotomie est, selon moi, une chose fort grave, et l'on n'est, je crois, autorisé à l'entreprendre qu'en présence d'un *danger certain et prochain*. Mais je crois aussi qu'il faut agir quand l'indication est précise.

« Je désapprouve complétement l'opération *dans la première période de la maladie*, à l'époque où l'on ne connaît encore rien de certain sur la marche et sur l'avenir de la tumeur ; car il faut ne pas oublier que souvent ces tumeurs ont une marche très-lente, et que les malades ont pu les conserver sans accidents graves, huit, dix, douze ans. »

C'est encore l'opinion que M. Erichsen exprime dans un mémoire lu en présence du *North. London society* (*Association medical journal*, 1854, p. 37). Il recommande le traitement palliatif « jusqu'à ce que l'accroissement de la tumeur vienne compromettre sérieusement le bien-être de l'existence ou l'action importante des organes abdominaux. » Il ajoute : « Lorsque ces nuisibles effets de la pression ont une fois commencé à se manifester sérieusement, la malade dépérissant, souffrant beaucoup de la fatigue produite par le volume de la tumeur, lorsque la respiration est anxieuse, qu'il existe une irritation gastrique, des vomissements fréquents, etc.; alors forcément la question de soulager au moyen de l'opération se présentera de toute nécessité. Il est convenable de la pratiquer quand tous les autres moyens de soulagement ont failli, et lorsque la santé de la malade se détruit par les progrès de la maladie. »

M. Baker Brown est d'opinion contraire il nous dit : *Diseases of women*, (page 373) : « Je considère que les risques de l'opération augmentent avec les années de la maladie. La tumeur, ses parois et son pédicule grossissent continuellement. Les chances de contracter des adhérences se multiplient, et la malade devenant plus âgée est moins en état de supporter le choc ; et en vérité, on me persuaderait aussi bien de remettre l'opération de la hernie étranglée jusqu'à ce que les symptômes d'une gangrène deviennent apparents, que d'ajourner l'extirpation d'un kyste de l'ovaire lorsqu'une fois j'ai décidé qu'elle doit être pratiquée.... Il est très-important qu'elle ne soit pas différée jusqu'à ce que les forces de la malade soient épuisées par les progrès de la maladie, ou bien qu'un désordre abdominal ou pelvien soit causé par le poids et la compression de la tumeur. »

M. Bryant considère comme le cas le plus favorable à opérer, celui d'une femme qui jouit d'une bonne santé et qui n'a pas subi de traitement antérieur. En résumé, ce désaccord entre les auteurs nous montre qu'il est difficile, pour ne pas dire impossible, de poser une règle générale, et que ce n'est qu'après un examen approfondi des particularités qui peuvent se présenter dans un cas donné, qu'on peut prendre une détermination et décider s'il y a ou non urgence.

OPÉRATION.

Dans ce chapitre nous étudierons séparément :

1° Préparation des malades pour l'opération;

2° Méthodes opératoires;

3° Traitement consécutif à l'opération;

4° Accidents, complications; leur traitement.

1° Préparation des malades.

Les chirurgiens anglais donnent une grande importance, et avec raison croyons-nous, aux précautions prises avant d'entreprendre l'opération.

Quand la malade est anémique ou seulement affaiblie par les progrès de la maladie, et que cependant l'opération peut être retardée quelque temps sans inconvénients, on doit tâcher de reconstituer la santé générale pour donner à la malade la force de résister à l'opération; et pour cela on emploie les toniques et les reconstituants; bonne alimentation, frictions sur la peau, bains, préparations ferrugineuses.

Il faut choisir un lieu qui soit dans de très-bonnes conditions hygiéniques; l'air de la campagne serait toujours préférable. Mais M. Bryant vient de montrer à Londres qu'on peut avoir de très-beaux résultats même dans un grand hôpital en entourant les malades de soins minutieux, en les plaçant en un mot dans les mêmes conditions que dans une maison particulière.

Comme cette pratique peut avoir son application dans les hôpitaux de Paris, quand il s'agira des opérations graves qui ont donné de si terribles résultats jusqu'à présent, nous croyons devoir donner un résumé de la communication de M. Bryant à la Société obstétricale de Londres le 4 février, et la discussion qui s'ensuivit (1).

L'auteur, après avoir analysé rapidement les cas opérés, passe à quelques remarques sur l'opération. Il avoue que trois de ces cas présentaient peu de chances de succès, et que maintenant il ne tenterait pas l'opération dans

(1) *Medical Times*, 26 mars 1864. — Discussion de la Société obstétricale de Londres.

des circonstances pareilles. Il insiste beaucoup sur le choix qu'il faut faire des malades à opérer, croyant qu'il vaut mieux être prudent que hardi. M. Bryant considère comme la meilleure condition pour l'opération celle d'une femme jouissant d'une bonne santé générale et qui n'a pas subi de traitement antérieur.

Il recommande fortement d'isoler la malade et de la séparer de tous ceux qui ne seront pas nécessaires pour son traitement. C'est surtout à cette précaution qu'il attribue ses succès. Les étudiants même sont exclus, et ceux qui sont admis sont placés dans une espèce de quarantaine. Les visites sont naturellement interdites. Une garde spéciale et intelligente doit être continuellement auprès de la malade.

M. Spencer Wells dit que la proposition par laquelle l'auteur commence sa très-intéressante communication, c'est-à-dire, que l'ovariotomie peut être pratiquée dans les grands hôpitaux avec d'aussi bons résultats que dans les petits établissements (qui ressemblent beaucoup aux maisons particulières), est en contradiction avec les détails de ses propres observations. Dans tous ces dix cas les malades ont été placées dans une chambre à part. Une garde-malade spéciale était chargée de les soigner. On n'acceptait pas de visites, ni l'entrée des étudiants dans la chambre de la malade, mais on prenait au contraire toutes les précautions pour mettre les malades dans les mêmes conditions où elles seraient dans les petits hôpitaux ou dans les maisons particulières. L'ovariotomie avait été presque constamment fatale dans les grands hôpitaux jusqu'à ce que M. Wells observât tant par sa propre pratique que par celle des autres dans les petits établissements, que ce succès pouvait être obtenu seulement par le *repos*, l'*isolement*, les *soins de la garde-malade* et les conditions hygiéniques qu'on n'avait pas dans les grands hôpitaux. Personne n'avait dit que les opérations pourraient être pratiquées avec succès dans les grands hôpitaux, mais au contraire on réclamait pour ainsi dire la priorité pour avoir prouvé que l'ovariotomie avait plus de succès dans les petits établissements. Une espèce de rivalité entre les différents praticiens a donné l'heureux résultat de faire prendre ces précautions, qui préservent les malades des mauvaises conditions dans l'ovariotomie et engagent à recourir aux mêmes soins dans toutes les opérations graves pour empêcher un grand nombre d'insuccès. Personne n'osera dire que la mortalité aurait été aussi considérable chez les amputés de l'hôpital Guy qu'elle l'a été en réalité si ces malades avaient été traités comme les dix femmes dont M. Bryant rapporte l'histoire. M. Spencer Wells a pour sa part la conviction que tôt ou tard les enseignements des ovariotomistes conduiront à faire adopter dans tous les hôpitaux les mêmes précautions, et que de cette manière on aura une notable dimininution dans la mortalité après les amputations, la lithotomie et toutes les autres grandes opérations Les cas de M. Bryant, ajoute M. S. Wells, ressemblent encore à ceux des petits hôpitaux en ce qu'ils ont été pratiqués par le même chirurgien. Croit-on que si ces dix opérations avaient été partagées entre cinq des chirurgiens de l'hôpital Guy, comme dix amputations ou dix lithotomies, les résultats eussent été aussi satisfaisants ? L'ovariotomie est une opération qui, plus qu'aucune autre, demande un chirurgien expérimenté. Ses dernières opérations ont donné plus de succès à M. Bryant que les premières (1), et il a appris par l'expérience quand il doit opérer et quand il faut rejeter l'ovariotomie comme une opération dangereuse. Si l'on désire avoir dans les grands hôpitaux d'aussi beaux résultats que dans les petits, il faudrait adopter une pratique qui assurât une grande expérience à un seul opérateur...

« M. Baker Brown étant d'accord sur toutes les mesures prises par M. Bryant, désirerait seulement qu'on n'exclût pas les élèves. Il dit que dans son hôpital « Home » cinquante ou soixante spectateurs sont témoins de ses opérations, et cependant elles n'ont pas été suivies de mauvais résultats. Sur trente-six opérées dans cet hôpital, il n'a perdu que treize malades. Après l'opération cependant, il conseille de séparer l'opérée de toutes les autres malades pour lui donner plus de chances de succès. »

Nous avons insisté longuement sur ce point parce que nous le croyons d'une importance capitale. En effet, je crois qu'il n'y a pas un seul chirur-

(1) Plus loin on trouvera le résumé des dix opérations présenté par M. Bryaut.

gien qui ne soit d'accord sur la fâcheuse influence de l'encombrement dans les opérations, et cependant dans les grands centres de population il est très-difficile de parer à cet inconvénient. Il serait à souhaiter que dans chaque hôpital on établît des chambres séparées pour les opérés. Nous n'ignorons pas que l'Assistance publique a fait déjà un pas très-important en mettant à la disposition des chirurgiens une maison spéciale dans les environs de Paris ; mais il ne faut pas se dissimuler qu'avec la meilleure volonté du monde un chirurgien ne peut faire un déplacement qui lui fait perdre la moitié de la journée.

Dans la discussion qui eut lieu à l'Académie de médecine, il y a deux ans, on a bien démontré qu'il y avait quelque chose à faire à cet égard, et M. Gosselin, qui en a été le rapporteur, s'exprimait ainsi :

« Le résumé définitif de cette discussion, pour moi, c'est qu'il y a quelque chose à désirer dans l'état actuel des hôpitaux, qu'il y a quelque chose à faire pour leur assainissement, non pas d'une manière générale, pour l'ensemble des services, mais par rapport aux opérations et aux accouchements. »

A Londres, le moindre réfroidissement de la malade est évité soigneusement par les opérateurs, et pour cela on maintient la chambre à une température de 70° F. (21° cent.) ; quelques chirurgiens font évaporer de l'eau pour donner à l'air un certain degré d'humidité. « Cela est de toute nécessité, dit M. Baker Brown, quand le vent est à l'est ou que le temps est chaud et sec. »

M. Spencer Wells croit, au contraire, que la faiblesse et les nausées, que l'on considérait comme exigeant une grande quantité de stimulants, étaient le plus souvent dues à la pratique de tenir les malades dans une atmosphère très-chaude et humide. Il préfère un feu doux de cheminée, et l'air pur entré par une fenêtre qu'il laisse entr'ouverte, la malade étant bien couverte et protégée des courants d'air par un paravent; il attribue ses succès en grande partie à cette manière d'agir.

L'opération doit être, autant que possible, pratiquée dans la même chambre et dans le même lit que la malade doit occuper : celle-ci est habillée de flanelle entièrement telle qu'elle doit rester après l'opération, et tout cela pour éviter des mouvements et des déplacements qui pourraient en compromettre le succès.

Une toile cirée, ou mieux encore une toile en caoutchouc, est appliquée contre les parois du ventre pour empêcher que les liquides échappés de la cavité abdominale ne viennent mouiller le lit.

Le jour qui précède l'opération, on doit donner un laxatif, huile de ricin, manne, etc.

M. Baker Brown conseille un bain avant l'opération pour purifier la peau et pour faciliter la transpiration.

La position à donner à la malade change suivant les opérateurs; presque tous préfèrent l'horizontale. M. Tyler Smith croit cependant qu'une position à demi assise est préférable, les jambes étant écartées. L'écoulement du liquide serait plus facile.

Le chloroforme doit être administré, mais avec modération. Quand l'opération doit durer longtemps, ce qui est le cas le plus fréquent, si l'on donne une grande quantité de cet anesthésique, il n'est pas étonnant d'observer des accidents fâcheux après l'opération et surtout des vomissements incoercibles qui compromettent le succès. M. Clay est arrivé à éviter l'emploi de cet agent quand cela lui est possible (Voir Graily Hewitt, *Diseases of women*, page 597).

Avant de commencer l'opération on doit prendre la précaution de vider la vessie.

Passons maintenant aux procédés opératoires; nous commencerons par exposer celui de M. Spencer Wells comme un des plus complets; nous ferons connaître après les modifications que, suivant les auteurs, on peut faire subir à quelques-uns des temps de l'opération.

MÉTHODES OPÉRATOIRES.

Procédé de M. Spencer Wells.

1° L'opération doit être exécutée dans une chambre aérée dont la température ne doit pas être inférieure à 70° F. (21° cent.); mais il n'est pas nécessaire qu'elle soit élevée à un degré où elle soit désagréable pour la malade et pour le chirurgien.

2° La malade doit être placée dans la position horizontale sur un lit solide et étroit, en face d'une bonne lumière; elle doit être bien couverte de flanelle partout, excepté sur l'abdomen et la face, la flanelle étant protégée par une toile cirée.

3° On doit épargner à la malade la peur et l'impression de l'opération, par le chloroforme.

4° L'incision doit être faite dans la ligne médiane; elle ne doit pas approcher de plus de 2 pouces de la symphyse pubienne, et peut commencer juste au-dessous de l'ombilic. On peut l'étendre en haut à gauche de l'ombilic et le long de la ligne médiane autant qu'il est nécessaire pour découvrir la tumeur et séparer les adhérences. Un kyste volumineux vide peut être enlevé à travers une incision de 3 pouces, et une incision de 5 pouces suffit amplement pour l'enlèvement de tumeurs très-volumineuses en retirant chaque kyste séparément après l'avoir vidé, ou en en retirant des groupes de petits kystes non vidés.

5° Tous les vaisseaux de la paroi abdominale qui saignent doivent être liés avant la division du péritoine.

6° Si du liquide ascitique entoure la tumeur ovarienne, on peut permettre à une certaine portion de s'échapper; mais la tumeur doit être pressée en avant par un aide pour retenir le liquide jusqu'au dernier moment pour protéger les intestins. Si l'on trouve des adhérences (indépendamment de toute ascite) entre le kyste et la paroi abdominale, on doit les séparer soigneusement avec la main pendant que le kyste est encore plein, prenant beaucoup de soin d'éviter la rupture d'un des kystes. Les adhérences aux intestins et à l'épiploon doivent être laissées jusqu'à ce que le kyste étant vidé, on puisse voir les viscères adhérents.

7° Du moment que la tumeur est débarrassée des adhérences pariétales, on doit la ponctionner avec un grand *trocart-siphon*. A mesure que le liquide s'échappe et que le kyste devient flasque, on doit ou le fixer avec un crochet et le retirer, ou tirer sur la canule et lier sur elle, ou fixer par des pinces qui ont été ajoutées dans ces derniers temps à la canule pour empêcher le liquide ovarien de tomber dans la cavité péritonéale.

8° Pendant que le kyste sort, l'aide tient la paroi abdominale exactement pressée sur lui pour prévenir un échappement des viscères ou l'entrée du liquide dans la cavité péritonéale. Ensuite on attire à l'ouverture les kystes secondaires, et on les vide, soit en poussant plus loin le trocart à travers la canule qui est encore liée au premier kyste vidé, soit en ouvrant ce kyste, en introduisant une main et en écrasant les kystes secondaires tandis que l'autre main retire la tumeur à mesure qu'on la vide.

9° Si la masse est solide ou demi-solide, et si large qu'elle ne puisse pas passer facilement à travers l'ouverture, on doit alors élargir celle-ci soigneusement jusqu'à l'étendue nécessaire.

10° Si pendant qu'on retire la tumeur on voit que l'épiploon, le mésentère ou les intestins y adhèrent, on doit détruire avec précaution ces adhérences avec les doigts, ou l'on doit les diviser avec le scalpel ou les ciseaux. Si l'intestin adhère si fermement qu'on ne puisse pas le séparer sans danger, alors on doit couper au niveau de la portion adhérente du kyste en laissant cette portion attachée à l'intestin, mais en enlevant la membrane interne sécrétante du kyste.

11° Toute portion d'épiploon séparée doit être examinée soigneusement pour voir si l'on ne remet pas dans la cavité abdominale un vaisseau saignant. Toute portion qui paraît très-altérée ou qui a été déchirée pendant a séparation doit être coupée, et tout vaisseau saignant doit être ou tordu oulié. Si l'on fait la ligature, les bouts doivent être ou portés en dehors à travers une portion de la plaie, ou coupés courts et laissés avec l'épiploon :

la ligature ne doit comprendre aucune partie de l'épiploon, excepté le vaisseau saignant.

12° Lorsque l'on aura retiré toute la tumeur, on la trouvera attachée à un côté de l'utérus par un pédicule très-variable en longueur et en largeur, mais qui contient toujours des vaisseaux sanguins volumineux ; ce pédicule est comprimé d'abord avec un clamp tout près de sa réunion au kyste ; ensuite on peut couper la tumeur en prenant soin d'arranger la flanelle et les éponges de manière que le liquide ovarien ne pénètre pas dans la cavité péritonéale.

13° On tient ensuite séparées les lèvres de la plaie, et l'on examine l'ovaire du côté opposé ; s'il est malade, on doit le retirer, fixer son pédicule et couper l'organe malade ; s'il est sain, on le laisse sans y toucher. Ensuite on fait un examen soigneux pour voir s'il n'y a aucun vaisseau saignant au point où l'on a séparé des adhérences ; on peut s'assurer de ces vaisseaux par la torsion ou par la pression d'une épingle qui les traverse ; du sang ou du liquide ovarien dans l'abdomen ou le bassin doit être enlevé soigneusement avec des éponges douces pressées dans de l'eau à 96° F. (28° cent.).

14° La partie supérieure de la plaie doit-être ensuite fermée en traversant toute l'épaisseur de la paroi abdominale avec des sutures en soie forte ou en fil métallique, à des intervalles d'un pouce. Chaque aiguille doit comprendre la peau et le péritoine à peu près à un demi-pouce de chaque côté de l'incision de manière que quand les deux surfaces opposées sont serrées l'une contre l'autre par les sutures, deux couches de péritoine soient en contact immédiat. Ces deux couches adhèrent très-rapidement, empêchent le pus ou d'autres sécrétions de la plaie d'entrer dans la cavité péritonéale, empêchent l'adhérence de l'épiploon ou des intestins à une partie quelconque de la face interne de la plaie non recouverte par le péritoine, et assurent une réunion si ferme, qu'une hernie abdominale ne peut pas se faire après la guérison.

15° Il faut ensuite s'assurer d'une manière permanente du pédicule. Si le clamp ne le tiraille pas trop, on peut laisser ce dernier couché à travers la plaie ; mais il vaudra quelquefois mieux s'assurer du pédicule d'une

manière permanente par une ligature, et enlever le clamp qu'on avait
employé pour s'en assurer préalablement. Immédiatement au-dessous du
clamp on perce le pédicule avec une aiguille munie de fil fort, et chaque
ligature est faite de manière à comprendre une portion de pédicule de la
largeur d'un doigt. Une ligature générale est ensuite serrée étroitement
par-dessus le tout, pour s'assurer contre l'hémorrhagie d'un vaisseau quelconque, qui aurait pu être ponctionné. Plus la portion comprise dans
chaque ligature est petite et les ligatures serrées, plus le progrès subséquent
de la séparation est rapide. Si les ligatures ont été soigneusement appliquées, on enlève le clamp et l'on coupe toute la portion superficielle du
kyste ; mais on doit avoir soin d'en laisser assez au-dessus pour que la
ligature ne glisse pas.

16° Si le pédicule est assez long pour que le bout (ou portion étranglée
par la ligature) puisse être fixé en dehors de la cavité abdominale, alors
on doit le retirer vers l'extrémité inférieure de la plaie et le fixer là par
une épingle à bec-de-lièvre avec laquelle on doit le traverser ainsi que les
deux lèvres de la plaie. Il est important que les ligatures du pédicule soient
au niveau de la peau et que le bout soit entouré de pièces de pansements
qui séparent ce tissu décomposé de la surface dénudée. Si les ligatures
étaient fixées au niveau du péritoine et si des surfaces dénudées entouraient
le bout décomposé du pédicule, un état gangréneux de la plaie ou même
infection putride pourrait en résulter.

17° Si le pédicule est si court que son bout ne puisse pas être rapporté à
la surface sans traction très-considérable de l'utérus, l'usage général a été
de ramener la ligature à travers la plaie et de fixer les bouts libres sûrement au dehors. Dans un cas, on les conduisit par le canal inguinal à côté
du ligament rond et l'on ferma la plaie abdominale; dans un autre cas on
les coupa court, on les laissa, ensuite on ferma la plaie par-dessus. L'expérience ultérieure doit déterminer lequel de ces procédés est préférable, à
savoir si l'on doit seulement lier les vaisseaux ou lier toute l'épaisseur du
pédicule, ou si l'on peut appliquer avec succès la pression au moyen

d'une aiguille (*acupressure*) ou avec un fil métallique, ou s'il sera plus sûr d'opérer à l'aide de l'écraseur.

18° Indépendamment de la manière dont on traite le pédicule, la plaie doit être fermée finalement par un nombre suffisant de sutures superficielles pour mettre les bords opposés de la peau en contact immédiat, et la peau est encore soutenue par des longues bandelettes de diachylon.

19° Ensuite on essuie la malade et on la place dans un lit chaud. Un coussin d'eau chaude est placé sur l'abdomen, le tout fixé par une ceinture en flanelle qui est maintenue en place par une paire de sous-cuisses.

20° Les principes du traitement consécutif sont : de donner une tranquillité absolue, une chaleur confortable et une propreté parfaite à la malade ; de diminuer la douleur par des applications chaudes sur l'abdomen et par des lavements opiacés ; de donner des stimulants, si le pouls défaillant ou d'autres signes de prostration l'exigent ; de donner contre les nausées la glace ou les potions glacés, et de permettre des aliments simples, mais nutritifs. Le cathétérisme doit être pratiqué toutes les six ou huit heures jusqu'à ce que la malade puisse se mouvoir sans douleur. Les sutures sont enlevées le troisième jour, excepté quand la distension tympanique des intestins ou de l'estomac expose la plaie aux dangers de la réouverture ; dans de telles circonstances on peut les laisser quelques jours de plus. Les sutures superficielles peuvent rester jusqu'à ce que la réunion soit parfaite. Si le pédicule est maintenu au dehors, le bout s'étrangle et les ligatures tombent du troisième au dixième jour ; mais si on laisse le bout dans l'abdomen, les ligatures peuvent rester pendant plusieurs semaines. Les sanies putrides qui entourent le pédicule doivent être nettoyées avec soin et désinfectées par une poudre absorbante contenant du goudron.

Ces détails peuvent paraître inutilement minutieux, mais je suis sûr que la majeure partie de nos succès dépendent d'une observation exacte des détails, et plus d'une fois je n'ai eu que trop de raison de regretter d'avoir négligé quelques-unes des règles sur lesquelles j'insiste ici. »

Il y a quelques points, comme nous l'avons déjà dit, sur lesquels les chirurgiens ont introduit certaines modifications, par exemple :

L'incision. Dès les premiers temps de l'ovariotomie deux procédés, différant seulement par la longueur de l'incision, ont été employés et ont eu chacun leurs défenseurs. Le premier, appelé par les Américains *major operation*, consistait à pratiquer une incision allant du sternum au pubis. Mac-Donald et Lizars l'introduisirent en Angleterre. L'autre procédé, appelé par opposition *minor operation*, paraît avoir été introduit dans la pratique en 1836, par Jefferson, qui, d'après les indications de G. Hunter, extirpa un kyste biloculaire à travers une incision de 1 pouce 1/2. De longues discussions ont démontré tour à tour les avantages et les inconvénients de chacun de ces procédés. On peut consulter sur ce point un travail critique très-intéressant publié par M. Pihan-Dufeillay (*Archives de méd.*, 1861). Ces discussions commencent à passer de mode, et il y a peu de chirurgiens aujourd'hui qui pratiquent de ces énormes incisions avant de savoir les difficultés que le kyste présentera dans son extraction. On commence généralement par une incision de quelques centimètres (8 ou 10), que l'on agrandit successivement à mesure que le besoin s'en fait sentir. « Je considère de telles discussions comme de peu d'importance, dit M. Baker Brown, et la prétention de fixer une longueur déterminée pour l'incision est une idée frivole. » Cependant nous croyons qu'il faut éviter, autant que possible, le traumatisme du péritoine, et comme il est presque démontré que la longueur de l'incision ne compromet pas le résultat de l'opération, il faut l'agrandir dès qu'on rencontre la moindre difficulté pour l'extraction.

Pour pratiquer la *ponction du kyste*, on a imaginé une foule d'instruments, tous ayant pour but d'empêcher que le liquide s'échappe par l'espace compris entre le bord de l'ouverture du kyste et la paroi externe du trocart. Celui de M. Spencer Wells fixe la paroi du kyste au trocart par deux pinces-érignes qui sont attachées à ce dernier. M. Mathieu a imaginé un système très-ingénieux : dans son instrument, quand le trocart a pénétré dans le kyste, on peut faire passer de l'air dans un rebord de caoutchouc qui empêche le trocart d'abandonner les parois et l'instrument de s'échapper. Ces instruments doivent nécessairement avoir un diamètre suffisant pour laisser échapper le liquide visqueux ou gélatineux des kystes. M. Thomson a introduit une modification utile au trocart en faisant une poigne creuse qui au lieu de tenir au poinçon, tient à la canule : lorsqu'on retire le poinçon, le liquide coule par un tube fixé à angle droit sur la canule ; le poinçon qui reste caché dans l'extrémité supérieure de la canule, quand il a été retiré, peut être poussé de nouveau pour ponctionner d'autres cavités kystiques. M. Nélaton a imaginé une modification très ingénieuse, consistant en une soupape qui ferme d'elle-même l'extrémité du tube lorsqu'on retire le poinçon. D'ailleurs nous ne prétendons pas décrire tous les divers instruments inventés à ce sujet.

Le *pédicule* est laissé dans la cavité abdominale après l'avoir lié fortement et les fils coupés au ras du nœud. C'est la pratique de M. Tyler Smith qui a obtenu tant de succès. « Chez une de ses malades, morte après quelques semaines d'une affection aiguë de poitrine et sans aucun accident du côté de l'abdomen, il a eu l'occasion de vérifier par l'autopsie l'état dans lequel se trouvaient le pédicule, la ligature et les surfaces séreuses voisines, à la suite de la guérison. Il a trouvé simplement le moignon du pédicule et l'anse du fil entourés ensemble par des adhérences qui les unissaient à la portion voisine de la séreuse et les isolaient du reste de la cavité péritonéale. »

D'autres, tels que MM. Lane, Baker Brown, etc., quand ils laissent le pédicule lié dans la cavité abdominale, fixent au dehors les fils de la ligature dans l'angle inférieur de la plaie.

M. Bryant croit que la pratique de M. Tyler Smith pourrait se généraliser davantage. Il la considère comme un progrès réel, mais il est d'avis, avec presque tous les auteurs, de réserver le clamp pour les pédicules longs et pas trop larges. En effet, si celui-ci est court, l'utérus est tiraillé, ce qui peut donner lieu à des accidents graves, tels que péritonite, déviation permanente de l'organe, etc.

M. Spencer Wells a suivi le procédé de M. Tyler Smith dans cinq cas. Du premier il ne peut tirer aucune conclusion, car il est probable que la malade serait morte quelle qu'eût été la méthode de s'assurer du pédicule.

Dans deux cas il a obtenu la guérison probablement plus vite que par une autre méthode, quoique les symptômes de péritonite aient été plus violents que quand on fait usage du clamp. Enfin dans les deux derniers cas où la péritonite générale a enlevé les malades, il croit qu'il aurait mieux fait d'employer le clamp ; dans l'un de ces deux cas l'autopsie ne put être pratiquée, dans l'autre, la ligature et le pédicule étaient inclus et environnés d'une sorte de capsule formée de deux anses d'intestin grêle, adhérant entre elles et au pédicule par de la lymphe plastique récente. Ceci conduirait à se demander, si ces adhérences ne pourraient pas produire des obstructions intestinales, ce qui serait une objection plus forte que celle des adhérences à la paroi abdominale qui suivent l'emploi du clamp. M. S. Wells croit que des trois modes de traiter le pédicule quand celui-ci est long, le clamp est le plus sûr et le meilleur ; quand au contraire il est court, ce qu'il y a de mieux à faire est de l'abandonner, une fois lié, dans la cavité pelvienne et de laisser les bouts des ligatures pendre au dehors de la paroi abdominale. Ces opinions sont émises par M. S. Wells à propos de la communication à la Société obstétricale de Londres de huit nouvelles ovariotomies pratiquées par M. Tyler Smith et dont nous donnons le résumé des observations plus loin (page 119).

Le docteur Braxton Hicks demande à Tyler Smith s'il n'a pas eu de mauvais résultats de l'emploi de cette méthode. Il considère que l'ovariotomie arrivera presque à la perfection en mettant de côté toute espèce de ligature ; il croit qu'il serait possible par la compression ferme du pédicule dans l'étendue d'un pouce par un clamp dentelé ou un autre appareil de cette nature, de resserrer les tissus assez fermement pour empêcher l'hémorrhagie. Le pédicule pourrait être alors laissé dans le bassin. Il a fait cette observation parce qu'il a trouvé, en examinant des tissus après l'usage de l'écraseur, qu'il était presque impossible de les démêler tellement ils avaient été condensés par la pression. Il pense que si la largeur du compresseur était augmentée, aucune hémorrhagie ne surviendrait (1).

1) M. Atlee (de Philadelphie) a pratiqué une fois la section du pédicule avec l'écraseur ; la plaie abdo—

Le docteur Tyler Smith répond qu'il a toute raison d'être satisfait de sa méthode qui consiste à abandonner le pédicule dans le bassin après la ligature, et qu'il pouvait la recommander avec confiance comme étant probablement plus sûre et plus commode que toute autre. Il serait très-heureux de posséder un instrument tel que celui imaginé par le docteur Hicks pour diviser le pédicule, si toutefois on peut ainsi empêcher l'hémorrhagie.

L'épongement de la cavité péritonéale, considéré comme une chose indispensable par tous les ovariotomistes, vient d'être attaqué d'une manière très-sérieuse par M. Bryant ; nous avons déjà vu les heureux résultats que cet auteur a obtenus dans l'hôpital Guy. C'est le meilleur argument qu'on puisse donner pour recommander sa manière d'agir. L'auteur croit qu'on peut laisser sans grand danger le sang ou le liquide des kystes dans la cavité abdominale, et il compare les phénomènes subséquents à ceux qu'on observerait quand du sang est épanché dans les grandes cavités séreuses et les articulations. Son opinion naturellement a rencontré des adversaires, entre lesquels nous citerons M. S. Wells et Baker Brown. Ce dernier s'accorde jusqu'à un certain point avec M. Bryant en posant la règle suivante : « S'il y a du sang ou un liquide de nature gélatineuse, il doit être enlevé avec des éponges ou bien avec des morceaux de flanelle, ou bien encore en plaçant la malade sur le côté. Si au contraire le liquide est de nature ascitique ou simplement séreux, comme on le trouve souvent dans les kystes de l'ovaire, on peut le laisser en place ; en résumé on ne doit pas toucher au péritoine inutilement (1). »

De tout ceci, nous nous croyons en droit de conclure que le contact des liquides normaux de l'économie avec le péritoine, entraîne moins souvent qu'on ne serait tenté de le supposer, les accidents graves qu'on observe à la suite de l'ovariotomie. Mais toutefois, la décomposition de ces liquides doit

minale fut très-rapidement fermée, il n'eut pas de suppuration, et le quatorzième jour la femme, âgée de soixante et un ans, put faire un voyage à cheval (*North American med. review,* 1848). (Voir l'observation.)

M. Maisonneuve, dans une opération que nous reproduisons plus loin, sépara la tumeur par tortion : pas une goutte de sang ne s'en écoula.

(1) *Medical Times,* 18 mars 1864.

être considérée comme une complication capable de déterminer une infection putride qui enlèverait les malades en peu de jours (1). Cependant de nouvelles expériences seraient nécessaires pour établir d'une manière absolue que l'on peut se dispenser de nettoyer la cavité du péritoine (2). M. Spencer Wells dit avec raison que l'on ne peut comparer ce qui se passe dans une articulation ou une autre cavité close avec ce qui se passe dans la cavité péritonéale après l'ovariotomie.

En tous cas, je crois qu'on doit réprouver la pratique de certains chirurgiens qui retirent le péritoine pour lui faire subir un lavage complet (la *toilette du péritoine*, comme dit M. J. Worms).

Suture de la plaie abdominale. — La question qui intéresse ici est celle de savoir si le péritoine doit être, oui ou non, compris dans les sutures. C'est M. Spencer Wells qui, le premier, proposa de rapprocher les bords séparés du péritoine : de cette manière, il empêchait les adhérences entre celui-ci et les différents organes après l'opération. Les expériences sur les animaux sont venues confirmer la justesse de son idée : on trouvera plus loin une communication qu'il a faite à la Société d'obstétrique de

(1) Nous croyons que les éponges employées dans les hôpitaux de Paris ont une grande influence dans les transformations de liquides qui restent dans la cavité abdominale, comme dans les phénomènes d'infection qu'on observe après les opérations. Après qu'elles ont servi pour nettoyer des ulcères, ou pour pratiquer une opération, le garçon d'amphithéâtre se contente de les presser dans un peu d'eau et les mettre de côté ; elles conservent une grande quantité de matière organique, qui entre naturellement en putréfaction. Deux ou trois jours après, une opération est pratiquée avec ces mêmes éponges, qui, selon nous, sont un foyer d'infection.

M. Kœberlé fait subir aux éponges une longue préparation pour les débarrasser des matières animales. Qui sait si ses succès extraordinaires ne sont pas dus à cette petite précaution !

(2) Il est connu, dit M. Gustave Simon dans son *Parallèle entre l'extirpation de la rate et l'ovariotomie*, que sur 100 truies les châtreurs en perdent au plus 1. Le mode opératoire des châtreurs est cependant si défectueux qu'ils devraient en perdre beaucoup. Voilà ce qu'ils font : Au côté gauche de la région abdominale inférieure, on fait une incision d'un pouce et demi jusque dans la cavité, ensuite l'opérateur introduit le doigt indicateur dans la plaie, retire les deux ovaires qui sont situés très-près l'un de l'autre sur une très-longue trompe ; on roule celle-ci autour du doigt, on la coupe et on coud la plaie, avec aiguille et fils grossiers, *sans faire attention à l'hémorrhagie* ; les fils sont rejetés par la suppuration. Les suites de l'opération ne sont pas graves ; ces animaux restent à peu près une heure tristes, et ensuite ils mangent et courent comme si rien n'était. La plaie se cicatrise en six jours et il n'y a pas diminution du poids de l'animal.

Londres, à propos de l'observation d'une ovariotomie pratiquée chez une malade qui avait déjà été opérée de l'autre côté. Ce procédé commence à se généraliser et deviendra probablement universel, car il est très-rationnel. Il a déjà pour lui l'autorité de MM. Simpson, Keith, etc. MM. Baker Brown, Clay (de Manchester) et beaucoup d'autres chirurgiens lui sont contraires. M. Clay écrivait à M. B. Brown : « Quant aux sutures à travers le péritoine, j'y suis tout à fait opposé, je suis d'avis qu'un tel procédé augmenterait la mortalité dans n'importe quelle opération ; puis je n'y trouve aucun avantage. »

Cette suture profonde peut être enchevillée (Kœberlé), ou bien à points passés, comme la pratiquent les chirurgiens anglais. En somme, le fil, la soie, les fils métalliques ont chacun leurs partisans, de même que chaque variété de ligature. Ce sont des questions secondaires sur lesquelles nous ne nous arrêterons pas.

TRAITEMENT CONSÉCUTIF.

Dans les cas où la guérison doit avoir lieu et où nul accident ne vient entraver sa marche, de l'avis de certains chirurgiens, ce traitement est le même que pour toutes les opérations : éviter le refroidissement, soutenir les forces, boissons excitantes, calme absolu, diète. D'autres, quel que soit le cas, ont pour habitude d'employer l'opium à haute dose. Cependant il faut dire que même les partisans de cette méthode commencent à y renoncer et à voir les inconvénients qu'elle présente. M. Spencer Wells prétend que souvent les vomissements sont dus à cette substance.

Lorsqu'il survient des complications légères et ne compromettant pas immédiatement la vie, on y pourvoit par des moyens appropriés : ainsi contre les vomissements, la glace et les boissons glacées ; contre la douleur, l'opium, etc.

La plaie est traitée de la façon ordinaire ; il faut avoir soin d'empêcher autant que possible la décomposition putride, et pour cela on peut employer, comme le fait M. Kœberlé, le sulfate et le perchlorure de fer : il regarde ces agents antiputrides et astringents « comme une véritable innovation thérapeutique de médecine préventive. »

ACCIDENTS ET COMPLICATIONS.

Pendant l'opération, il faut mentionner les adhérences *multiples et ser-rées* comme une des complications les plus fâcheuses, en ce sens qu'elles obligent le chirurgien à abandonner l'opération déjà commencée ou à en pratiquer une autre qui présente beaucoup plus de dangers : nous voulons parler de l'*excision partielle du kyste.*

Si elles ne sont pas très-résistantes, et si, en outre, elles ne compromettent pas des organes importants, on doit les séparer autant que possible avec la main par des tractions douces, se gardant toujours de maltraiter le péritoine, surtout là où il recouvre des organes importants ; alors il est préférable de les lier avec un fil dont le bout sera fixé avec ceux du pédicule à la partie inférieure de la plaie. Il y a des opérateurs qui font usage de l'écraseur. M. Báker Brown et autres emploient dans ces cas des ligatures métalliques qu'ils abandonnent dans la plaie ; d'autres attendent que l'écoulement sanguin cesse pour fermer la plaie sans faire de ligature préalable. Cette pratique peut présenter des inconvénients, car l'hémorrhagie peut se reproduire, comme cela est déjà arrivé.

Enfin si un organe important adhère au kyste dans une étendue assez considérable et par des tissus trè-résistants, on fera bien de suivre la pratique de M. Spencer Wells, qui consiste à laisser en place cette partie du kyste en enlevant, s'il est possible, la membrane interne.

Quand on a eu le malheur d'avoir commis une faute de diagnostic, et qu'au lieu d'un kyste de l'ovaire on se trouve en présence d'une tumeur autre, il nous paraît préférable de fermer la plaie. Cependant, il faut se rappeler que dans quelques cas on a pu extirper des tumeurs fibreuses utérines avec un plein succès, et que MM. Clay (de Manchester) et Kœberlé ont été assez heureux pour extirper même l'utérus et sauver des malades ; mais à côté de ces beaux résultats il y a le revers de la médaille : M. J. Clay (de Birmingham) rapporte treize cas d'extirpation de tumeurs extra-utérines sur lesquels dix malades succombèrent aux suites de l'opération.

La péritonite, l'hémorrhagie, et ce que les Anglais désignent sous le nom de *shock* (traumatisme, épuisement), sont les trois grands accidents qui ont amené presque exclusivement la mort.

La *péritonite* est l'accident qui a la plus large part dans le chiffre de la mortalité : nous avons déjà vu que sur cent cinquante morts soixante-quatre ont succombé par péritonite. Cette affection a été attribuée tour à tour à la grandeur de l'incision, au séjour dans la cavité abdominale du sang ou des matériaux du kyste, aux tiraillements ou aux lésions que l'on fait subir au péritoine, enfin à la propagation ou au ravivement d'une inflammation qui existait déjà. Nous avons déjà examiné ces différentes questions, et il résulterait que la cause la plus probable serait un travail phlegmasique préexistant, sans nier pour cela l'influence plus ou moins fâcheuse que les autres causes énumérées peuvent exercer, et surtout la présence des matières étrangères en décomposition. Cette opinion est confirmée par l'expérience; on trouvera à la fin de ce travail des observations qui prouvent qu'en enlevant ces liquides de la cavité péritonéale, tous les accidents cessent rapidement. Ainsi donc, quand on sera sûr qu'une collection de matières putrides provoquent la phlegmasie du péritoine, nous croyons qu'il ne faut pas hésiter à imiter cette pratique recommandée par MM. Keith, Kœberlé, etc., ouvrir la plaie pour retirer les liquides en décomposition.

M. Baker Brown considère les larges émissions sanguines comme le traitement le plus efficace de la péritonite franchement inflammatoire. Il ne partage pas la confiance de presque tous les médecins anglais quant aux résultats de l'emploi de l'opium. M. Tyler Smith emploie la saignée, le calomel et l'opium. Gray Hewitt conseille de petites doses d'opium, l'usage des fomentations sur l'abdomen et une *diète qui soutienne la malade*.

L'*hémorrhagie*, moins fréquente que la péritonite, l'est cependant assez pour qu'on prenne toutes les précautions nécessaires afin de l'éviter. Sur les cent cinquante cas dans lesquels la cause de la mort est donnée dans les tableaux de M. Clay, vingt-quatre furent occasionnés par l'hémorrhagie.

Elle provient le plus ordinairement du pédicule, mais M. Baker Brown a pu l'observer ayant sa source dans les vaisseaux des adhérences déchirées. Le docteur Bayless (d'Amérique) perdit une malade à la suite d'une hémorrhagie qui eut lieu par l'incision de la paroi abdominale. L'hémorrhagie enlève le plus souvent la malade par épuisement; mais quand elle n'est pas trop abondante, ou que la femme a la force de résister à la perte de sang, elle reste encore exposée à la péritonite ou l'infection putride déterminées par la décomposition de ce liquide. Le traitement le plus sûr, dans les deux cas, serait d'ouvrir de nouveau la plaie, tant pour s'assurer des vaisseaux qui produisent l'hémorrhagie que pour enlever le sang épanché en trop grande quantité.

Le *shock* ou collapsus, déterminé en général par la longueur de l'opération, les manœuvres violentes et les pertes de sang, a amené la mort 25 fois sur 150 énumérées.

Ce phénomène est caractérisé par un anéantissement des fonctions, un ébranlement général du système nerveux, un ensemble de troubles dynamiques qu'on pourrait rapporter à ce que Dupuytren appelait *hémorrhagie nerveuse.*

Quoique le chloroforme ait diminué considérablement l'intensité et la fréquence de cette complication, on comprend que chez les femmes nerveuses les préoccupations qui précèdent et qui suivent l'opération, et surtout le traumatisme qu'elle entraîne, suffisent à expliquer la fréquence relative de cet accident.

L'indication précise est de ranimer la malade par des stimulants, l'ingestion des boissons chaudes et alcooliques, telles que la potion cordiale, le vin d'Espagne, etc., sans craindre de réaction fâcheuse.

Une autre complication, qui a été assez fréquente relativement, est le tétanos. M. Spencer Wells l'a observé chez 3 de ses malades, et il a eu même le bonheur d'en sauver une par le curare (voir l'observation). M. Nélaton a perdu une malade déjà guérie de l'opération, par un tétanos qu'on pourrait appeler spontané, puisque la plaie était cicatrisée dans toute son étendue; enfin M. Murray Humphry (de Cambridge) opéra une malade chez laquelle le pédicule fut lié par 3 ligatures, elle succomba 12 jours après de la même complication.

Dans un des tableaux de M. Clay nous avons déjà vu les autres complications qui ont provoqué la mort dans des cas exceptionnels. Nous n'y reviendrons pas.

CONCLUSIONS.

Voici les conclusions que nous croyons devoir placer à la fin de ce travail :

1° L'ovariotomie est admissible au même titre que les autres grandes opérations.

2° Les dangers qu'elle présente ne sont pas aussi fréquents qu'on l'avait supposé.

3° Les statistiques que nous reproduisons ici viennent à l'appui de ce que nous avançons ; nous invoquons très particulièrement celles que nous devons à l'obligeance de MM. Clay (de Manchester), Spencer Wells, Baker Brown et Tyler Smith.

4° Les études auxquelles on s'est livré dans ces derniers temps ont permis d'assurer les bases du diagnostic, de préciser les indications et les contre-indications, de faciliter le procédé opératoire, et par cela même d'augmenter le chiffre des résultats avantageux.

OBSERVATIONS [1].

Huit nouveaux cas d'ovariotomie pratiqués par M. Tyler Smith.
(The Lancet, April 16, 1864.)

I. *Kyste multiloculaire de l'ovaire droit ; opération ; guérison.*

E. H..., mariée, âgée de trente-trois ans; largeur de l'abdomen 42 pouces; accroissement rapide. Opération le 16 juin 1862. Incision 4 pouces. Kyste composé de deux cavités principales remplies de liquide purulent. Ils avaient déjà été ponctionnés. Pédicule lié avec des fils de soie, divisé et abandonné dans la cavité pelvienne. Tympanite considérable et nausées au troisième jour traitées par le calomel, la térébenthine, etc. Eau glacée et du lait. En octobre suivant la malade sort guérie.

II. *Kyste multiloculaire de l'ovaire droit; ovariotomie; guérison.*

Madame B... âgée de cinquante-quatre ans, faible et émaciée; tumeur volumineuse. Elle a habité les Indes occidentales. Opérée le 13 octobre 1862 ; le chloroforme fut employé. Adhérences très-étendues du côté droit. Kystes nombreux à contenu gélatineux. — Grande incision ; pédicule laissé dans la cavité pelvienne. Plaie réunie par première intention. Convalescence lente. — De hautes doses d'opium furent nécessaires parce qu'elle était habituée à ce médicament. Maintenant sa santé est meilleure qu'elle ne l'avait été longtemps auparavant.

III. *Kyste multiloculaire de l'ovaire gauche; ovariotomie; guérison.*

E. B... âgée de trente-deux ans. Très-amaigrie. Le tour de l'abdomen était de 42 pouces. Pédicule laissé dans la cavité pelvienne par le procédé ordinaire; le chloroforme fut employé ; pendant la nuit, on lui donna un lavement avec du laudanum, seul médicament employé; elle avait pris des stimulants avant l'opération. Excellente guérison en moins d'un mois.

---

(1) Nous rapportons ici les observations qui ont été citées dans le cours de notre travail et quelques autres qui nous ont paru intéressantes à différents points de vue.

IV. *Cas d'ascite, avec tumeur maligne, supposée de l'ovaire ; opération ; mort* (1).

Malade âgée de quarante-trois ans, a eu treize enfants ; le plus jeune a quinze mois. L'accroissement de la tumeur a été graduel depuis le dernier accouchement. Le tour de l'abdomen est de 48 pouces. Pas de douleur ; pouls normal ; pas très-amaigrie. Son aspect n'indique pas l'existence d'une tumeur maligne. Œdème considérable des parois abdominales. Une tumeur semblait exister dans l'ovaire senti à travers le liquide ascititique, au côté gauche. L'incision étant pratiquée, la tumeur se présenta très-adhérente aux parois abdominales ; elle fut enlevée ainsi que le liquide ascitique. Autres tumeurs de nature maligne se trouvant liées aux intestins et à d'autres organes. La malade ne se ranima pas. Mort quatre heures après l'opération. Tumeurs cancéreuses en grand nombre dans l'épiploon, etc. Ovaires malades, mais petits.

V. *Kyste multiloculaire de l'ovaire gauche; opération ; guérison de l'opération ; mort trois semaines après de bronchite.*

Santé générale mauvaise, sujette à des brochites. Opération le 15 avril 1863. Adhérences très-solides du côté gauche. Pédicule abandonné dans la cavité pelvienne. Au bout d'une quinzaine, elle se levait tous les jours. Elle fut transportée le 5 mai à l'hôpital sur sa demande. Le 6 elle fit un bon déjeuner. Mais la mort arriva presque subitement à la fin de la même journée. A l'autopsie emphysème très-étendu des deux poumons et l'épuisement des parois bronchiques (*sic*). Le pédicule et les ligatures étaient enveloppés par un sac de lymphe plastique.

VI. *Kyste multiloculaire de l'ovaire gauche ; opération ; guérison.*

Madame B... âgée de quarante-trois ans. Distension de l'abdomen datant de six ans. Opération le 26 juin 1863. Large kyste à contenu gélatineux. Adhérences considérables. Pédicule traité comme dans les cas antérieurs. Partit pour la campagne le 30 juillet.

VII. *Kyste multiloculaire de l'ovaire gauche ; opération ; guérison.*

Tumeur développée en dix-huit mois ; mesurant 46 pouces, très-adhérente à une anse d'intestin grêle ; des ligatures métalliques sont appliquées dans les plaies laissées par la séparation des adhérences. Pédicule traité comme antérieurement. Aucun symptôme fâcheux.

(1) Ce cas n'étant pas un kyste de l'ovaire n'a pas été compté comme une observation d'ovariotomie par M. Tyler Smith.

VIII. *Kyste colloïde multiloculaire de l'ovaire gauche ; opération ;*
mort au sixième jour.

Mademoiselle S... âgée de cinquante-huit ans. Tumeur développée dans
une année; ponctionnée un mois auparavant. Une seconde ponction est
nécessaire, et quinze jours après le kyste était de nouveau rempli ; l'ovariotomie fut alors décidée. Adhérences multiples. Tumeur formée de grandes
masses colloïdes. Pédicule très-petit. Un peu d'écoulement sanguin en coupant le pédicule, lequel ne fut lié qu'avec beaucoup de difficulté. La malade ranimée après avoir été très-affaisée. On lui donna de bons aliments.
Le cinquième jour se déclarèrent des symptômes fâcheux; la mort arriva
le lendemain.

IX. *Kyste multiloculaire de l'ovaire gauche ; opération ; guérison.*

Mademoiselle M..., 39 ans. Kyste datant de deux ans. Très-amaigrie
par une bronchite. Rétablissement complet de l'opération, laquelle fut pratiquée par la méthode ordinaire ; se trouve maintenant dans un bon état.

RÉSUMÉ DE 10 CAS D'OVARIOTOMIES PRATIQUÉES PAR M. BRYANT.
(*Medical times mars* 1864.)

OBS. I. *Tumeur multiloculaire de l'ovaire. Ovariotomie. Mort au 4ᵐᵉ jour.*
M. T..., âgée de 30 ans, mariée. La tumeur fut aperçue il y a deux ans,
jamais ponctionnée. Ovariotomie, le 5 décembre 1860. Petite incision ; large
pédicule serré par une double ligature; suture faite avec des épingles.
Opium en grande quantité. Le 3ᵐᵉ jour, vomissements et tympanite. Morte
78 heures après l'opération. A l'autopsie, péritonite.

OBS. II. *Kyste uniloculaire de l'ovaire. Guérison.*
E. D..., 32 ans, mariée. La maladie existait depuis deux ans et demi.
Elle avait été ponctionnée une fois. Ovariotomie, le 18 octobre 1862. Petite incision ; adhérences à la paroi abdominale; pédicule assuré avec le
clamp; sutures avec des fils d'argent. Rétablissement en un mois sans
accident. Cette femme a eu un enfant bien portant après l'opération.

OBS. III. *Kyste uniloculaire de l'ovaire. Ovariotomie. Guérison.*
A. S..., pas mariée. Maladie datant de 4 ans; ponctionnée deux fois.
Ovariotomie, le 20 mars 1863. Pas d'adhérences; petite incision ; pédicule assuré par le clamp; bronchite. Rétablissement complet de l'opération
au bout d'un mois. La malade est morte de pneumonie deux mois après.

OBS. IV. *Kyste aux deux ovaires. Ovariotomie. Mort.*
E. T..., 32 ans, mariée. Début de la maladie, deux ans; ponctionnée
une fois. Ovariotomie, le 15 avril 1863. Adhérences considérables; pédi-
dule large serré par trois ligatures en chanvre du côté gauche, et avec
deux seulement du côté droit. Collapsus et mort au bout de 22 heures. Autopsie, péritonite.

Obs. V. *Kyste semi-solide de l'ovaire. Ovariotomie. Mort.*

J. P..., 44 ans, mariée. Malade depuis plusieurs années ; ponctionnée une fois. Ovariotomie le 25 juillet 1863; petite incision ; large pédicule assuré avec trois ligatures en fil fort. Mort au bout de 37 heures de péritonite.

Obs. VI. *Kyste multiloculaire de l'ovaire. Ovariotomie. Guérison.*

L. W..., 17 ans, pas mariée. Sa maladie date d'un an ; jamais ponctionnée. Ovariotomie le 8 septembre 1863 ; petite incision, pas d'adhérences; pédicule large, assuré par 3 ligatures de fil fort. Suture avec des fils d'argent. Convalescence rapide.

Obs. VII. *Kyste multiloculaire de l'ovaire. Ovariotomie. Mort.*

H. D..., 24 ans, mariée. Maladie datant de 3 ans ; ponctionnée 3 fois. Ovariotomie le 8 décembre 1863; petite incision ; adhérences multiples; pédicule très-large exigeant 7 ligatures en fil ; collapsus. Mort au bout de 23 heures ; autopsie. Légère hémorrhagie dans la cavité abdominale.

Obs. VIII. *Kyste multiloculaire de l'ovaire. Ovariotomie. Guérison.*

H. B..., 34 ans, mariée. Maladie datant d'un an ; ponctionnée une fois. Ovariotomie le 8 octobre 1863 ; large incision ; pas d'adhérences ; pédicule assuré par 3 ligatures ; sutures en fils d'argent. Convalescence sans accident.

Obs. IX. *Kyste multiloculaire de l'ovaire. Ovariotomie. Guérison.*

A. P..., 37 ans. Malade depuis 1 an ; jamais ponctionnée. Ovariotomie le 16 octobre 1863 ; large incision ; pas d'adhérences, pédicule assujetti avec le clamp ; Sutures avec des fils d'argent ; Rétablissement rapide.

Obs. X. *Kyste multiloculaire de l'ovaire. Ovariotomie. Guérison.*

S. T..., 50 ans, mariée. Malade depuis 18 mois; ponctionnée 2 fois ; pas d'adhérences ; clamp au pédicule ; sutures avec fils d'argent. Convalescence rapide.

Première opération d'ovariotomie pratiquée par Éphraïm Mac Dowel,
de Kentucky.

En décembre 1809, dit Mac Dowel, je fus appelé près de madame Crawford, qui se croyait enceinte, et même en travail; elle portait dans l'abdomen une grosse tumeur mobile. A l'examen, je ne trouvai rien dans l'utérus, et j'en conclus que cette tumeur devait être l'ovaire considérablement développé. Bien qu'ignorant qu'une opération eût jamais été pratiquée dans ce cas avec succès, je fis part à cette femme du danger de sa position ; elle voulut courir les chances d'une tentative, et je promis de lui pratiquer l'extirpation. Elle se rendit en conséquence à Danville, où j'habitais, à une distance de 60 milles, et fit le voyage à cheval. L'ayant placée sur une table, je pratiquai, du côté gauche à trois pouces du muscle droit de l'abdomen, une incision de neuf pouces de long, parallèle aux fibres de ce muscle, pénétrant la cavité de l'abdomen, dont je trouvais les parois très-contuses, ayant porté sur la selle pendant le voyage. Cette tumeur se trouva alors à découvert, mais elle était si volumineuse que je ne pus l'enlever tout entière. Je plaçai une ligature autour de la trompe de Fallope, très-près de l'utérus, et j'ouvris ensuite la tumeur, qui était formée par l'ovaire et une partie de la trompe. J'en retirai 15 livres d'une matière fétide, gélatineuse ; je coupai ensuite la trompe de Fallope et fis l'extraction du sac, qui pesait 7 livres et demie ; puis la malade resta quelque temps du côté gauche, pour faire écouler le sang. Je fermai l'ouverture externe par une suture interrompue, ayant soin de laisser sortir, à la partie inférieure de l'incision, la ligature qui entourait la trompe. Entre chaque point de suture, je plaçai une bandelette d'emplâtre agglutinatif, qui, en maintenant les parties en contact, hâta la guérison de l'incision, et j'appliquai l'appareil ordinaire. Aussitôt après l'incision, les intestins s'étaient précipités sur la table, et ne purent être réduits qu'à la fin de l'opération, qui dura vingt-cinq minutes.

Au bout de trente-cinq jours, elle retourna chez elle complétement guérie,

Première ovariotomie en France pratiquée par M. Woyerkowski (Revue médico-chirurgicale, *juin* 1847, *page* 359).

Le 27 avril 1844, je suis appelé à Montfort, village voisin de celui que j'habite, pour accoucher madame Replumart. Je m'y rendis immédiatement, et avant d'examiner la malade, je demandai à la sage-femme qui l'assistait des renseignements sur la position de l'enfant et sur la marche de l'accouchement. Elle me répondit qu'après quelques douleurs, les eaux s'étaient écoulées en petite quantité ; qu'aussitôt après il était sorti, par les parties génitales, une tumeur charnue assez volumineuse, qui s'était opposée à ce qu'elle introduisît les doigts dans le vagin, et, par conséquent, qu'elle reconnût la position de l'enfant. Elle ajouta que depuis ce moment, les douleurs étaient très-faibles et ne se suivaient pas régulièrement.

Elle était âgée de quarante ans, mère de trois enfants, dont le dernier avait trois ans ; qu'elle avait cessé d'être réglée depuis quinze mois ; que, depuis cette époque, elle avait éprouvé des envies de vomir, du dégoût pour les aliments, de l'aversion pour la promenade, des douleurs vagues dans les lombes, une pesanteur au bas du ventre augmentant pendant la station ; que son ventre s'était développé ; en un mot, qu'elle avait éprouvé les mêmes symptômes que pendant ses précédentes grossesses. Elle ajouta qu'arrivée au neuvième mois, et voyant qu'elle n'éprouvait aucun symptôme pour accoucher, elle avait été à une ville voisine consulter deux médecins renommés qui avaient trouvé chez elle plusieurs symptômes de grossesse extra-utérine, mais qui n'avaient prescrit aucun traitement et avaient refusé de se prononcer présentement d'une manière définitive sur son état.

Je procédai alors à l'examen de la malade, et je trouvai que la tumeur remarquée par la sage-femme au dehors des parties génitales, n'était autre chose que la matrice, d'un volume trois fois plus considérable que de coutume, dont l'orifice entr'ouvert permettait l'introduction du doigt indicateur. Je cherchai aussitôt à la remettre en place ; mais, ne pouvant y parvenir facilement, je cessai mes efforts et je poursuivis mon examen. L'abdomen était très-distendu par un amas considérable de liquide, et la sensibilité qu'y développait la pression m'empêchait d'explorer les organes intérieurs.

Pour m'assurer définitivement de l'état des viscères abdominaux, je pratiquai immédiatement la paracentèse. Il sortit par la canule du trois-quarts trente-cinq litres d'un liquide jaunâtre, transparent, sans aucune odeur. Après cette opération, la main promenée sur les parois du ventre rencontra une tumeur du volume de la tête d'un adulte, arrondie, bosselée, flottante dans le grand bassin, au-dessus du détroit supérieur et parfaitement indolente. La malade la déplaçait. Tous les autres organes de l'abdomen semblaient dans un état normal.

La matrice fut alors remise en place sans difficulté, et la malade fut maintenue au lit et à la diète la plus sévère jusqu'au lendemain. Je l'examinai alors avec les docteurs Mourray, Mathusewich et Ganard, et nous nous décidâmes à pratiquer la gastrotomie.

La femme, étendue dans un fauteuil en face d'une croisée, je me plaçai à son côté droit, un peu en avant et appuyé sur mon genou gauche. Je saisis le bistouri convexe, et je pratiquai une incision à la peau seulement sur le trajet de la ligne blanche depuis trois travers de doigts au-dessus de l'ombilic jusqu'à la partie supérieure du pubis. Dans un second temps, je divisai les aponévroses et le tissu cellulaire en suivant toujours le trajet de la première incision, et en ayant soin de ne pas toucher au péritoine, ce qu'il fut facile de faire à cause de l'absence du tissu graisseux à la partie externe, et d'un amas considérable de liquide dans son intérieur. Dans le troisième temps, je pratiquai à la partie supérieure de l'incision une ponction au péritoine. J'y introduisis le doigt indicateur de la main gauche et le bistouri droit boutonné. J'appuyai son bouton sur le bout du doigt qui se trouvait dans la plaie, et, en pressant sur lui de haut en bas, je fendis le péritoine dans toute la longueur de la plaie. Au même instant une grande quantité d'un liquide transparent, jaunâtre, sans odeur, s'échappa et fut recueilli dans un vase : la quantité s'élevait à 50 litres, sans compter celui qui était tombé à terre. Le grand épiploon et les intestins grêles se précipitèrent alors par la plaie et tombèrent sur les cuisses de la malade. M. Mathusewich les refoula à leur place et les y maintint à l'aide d'une serviette enduite de cérat. Nous vîmes alors un corps arrondi, bosselé, dur au toucher, flottant dans le grand bassin, et attaché au côté droit de l'utérus, près de son fond, par un pédicule d'un demi-pouce de diamètre et de 3 pouces de longueur.

Je fis sur la tumeur, avec le bistouri droit, une ponction exploratrice, et la sensation que j'en éprouvai fut celle qui résulterait d'une incision faite dans du vieux lard. Nous étions alors parfaitement convaincus que nous avions affaire à une tumeur ovarique squirrheuse : un des médecins assistants la saisit avec ses deux mains et la souleva au moment où je portais une ligature autour de son pédicule le plus près possible de la matrice. Le bout du fil fut maintenu à l'extérieur, et la tumeur détachée par un coup de bistouri. Je me hâtai alors de réunir les bords de la plaie par une suture enchevillée, puis la malade fut remise sur son lit, couchée sur le dos, les jambes fléchies sur les cuisses, et les cuisses sur le bassin. Des embrocations furent faites sur le ventre au moyen des compresses trempées dans de l'eau froide et renouvelées toutes les cinq minutes. J'ordonnai une diète sévère et quelques cuillerées de limonade froide pour boisson. L'opération avait duré huit minutes.

La tumeur pesait 6 livres et demie ; elle était lisse, bosselée à l'extérieur, et on apercevait facilement des rudiments de la trompe de Fallope et de son pavillon. Son tissu était lardacé, jaune, et très-résistant, et on voyait dans son intérieur quelques petits foyers de suppuration. Le 2 mai, quatre heures après l'opération, je trouvai la malade sans fièvre ; point de douleur abdominale, une légère tuméfaction autour de la plaie.

Le 3, l'état général était tout aussi satisfaisant, le gonflement des bords de la plaie était un peu plus considérable que la veille. La malade avait dormi d'un sommeil paisible et demandait même de légers aliments que je crus devoir lui refuser.

Le 4 mai, la suppuration de bonne nature s'établit. Bientôt la ligature tomba, la plaie se cicatrisa, et le vingt-cinquième jour de l'opération, cette femme fut se promener dans le village avec une ceinture semblable à celle dont se servent les femmes enceintes.

Au bout de quatre mois, cette femme devint enceinte, et, au terme ordinaire de la grossesse, elle mit au monde un garçon qui vécut fort bien. Elle est accouchée une deuxième fois, au mois de décembre de 1846, d'un garçon également bien portant. Ainsi, pour le dire en passant, se trouve contredite l'assertion du père de la médecine, que le fœtus mâle se développe à droite, et le fœtus femelle à gauche de l'utérus. C'est l'ovaire droit que j'ai enlevé.

Observation de M. Veaullegeard. — Kyste multiloculaire. — Ovariotomie. — Guérison. (Gazette des hôpitaux, 1848, p. 22, *séance du 6 janvier* 1848, Société de médecine pratique.)

M. Pedelaborde fait un rapport sur une observation d'ovariotomie envoyée à la Société par le docteur Vaullegeard (de Condé-sur-Noireau).

Il s'agit d'une femme de vingt-cinq ans, forte et bien réglée jusqu'à vingt ans. A partir de cette époque, gonflement rapide du ventre, coïncidant avec la disparition des règles et provoqué par une hydropisie enkystée de l'ovaire gauche. Après plusieurs ponctions pratiquées à des époques de plus en plus rapprochées, la santé de la malade, longtemps bonne, commence à s'altérer ; puis l'amaigrissement survient, et, quelque temps après, des faiblesses et lipothymies, surtout dans les premiers jours qui suivent chaque ponction. La malade, alarmée de son état, demande avec instance à être débarrassée de la tumeur qui doit inévitablement lui causer la mort.

Dans une consultation à laquelle prennent part quatre médecins des environs, l'opération fut décidée, et M. Vaullegeard la pratiqua de la manière suivante :

La malade, préalablement éthérisée, est maintenue sur un lit préparé à cet effet ; l'opérateur plongea perpendiculairement un bistouri droit dans la tumeur, à 2 centimètres de l'ombilic, et fit une incision de 4 centimètres de haut en bas, parallèlement à la ligne blanche. Puis le doigt indicateur de la main gauche, introduit dans la plaie, servit à diriger un bistouri boutonné à l'aide duquel l'incision fut prolongée par en bas jusqu'à une longueur de 12 centimètres. La sortie du liquide contenu dans le kyste fut modérée et graduée par l'opérateur et ses aides. Six à huit litres de liquide furent bientôt écoulés. Les aides maintenant le ventre, la main droite fut introduite dans la cavité abdominale, et l'opérateur constata que la tumeur tenait à un pédicule situé à la partie postérieure et supérieure de la fosse iliaque gauche, et obliquement dirigé vers la colonne vertébrale dans une étendue de 10 à 12 centimètres. La main de l'opérateur étant retirée, la tumeur vint se présenter à l'ouverture de la plaie, mais trop volumineuse pour sortir par cette ouverture (elle pesait 18 livres), on y pratiqua successivement plusieurs incisions qui laissèrent écouler des liquides d'une première poche, séro-sanguinolent, d'une deuxième, gélatino-puriforme, et enfin des masses hydatiques. La tumeur étant encore trop volumineuse, la plaie fut agrandie par en haut de 4 centimètres, et dès lors elle put être amenée au dehors. Son pédicule fut traversé à sa partie moyenne par une aiguille à séton, de manière à le circonscrire en deux parties par des ligatures, puis l'opération fut achevée par deux coups de forts ciseaux de Dubois.

La malade réveillée, on attendit vingt minutes pendant lesquelles on lui donna un peu de vin chaud sucré pour relever ses forces ; et sous l'influence d'une nouvelle éthérisation, l'opérateur pratiqua trois points de suture enchevillée dont les fils furent noués sur un rouleau de sparadrap. Les suites furent sans accidents, et vingt-cinq ours après l'opération la malade était en pleine convalescence.

Ovariotomie. — Extirpation des deux ovaires (mort); par M. Fergusson
(*Medical Times and Gaz.* 1862, 18 octobre).

Mary F...., âgée de dix-neuf ans, commença à souffrir en 1861 dans la
région iliaque droite, et constata bientôt l'existence d'une tumeur de ce
côté, laquelle augmenta peu à peu; l'abdomen devint d'un volume énorme,
et la malade entra à King's College le 8 juillet. Elle ne fut *point ponctionnée*
et subit l'ovariotomie le 2 août. M. Fergusson ayant fait son incision, introduisit la main dans l'abdomen, constata l'absence d'adhérences, ponctionna le kyste à plusieurs reprises; mais chaque ponction ne laissait échapper que peu de liquide.

La tumeur fut alors retirée de l'abdomen; le pédicule, assez mince, fut
traversé par une aiguille entraînant un double fil d'argent; mais la stric-
tion n'étant pas suffisante, M. Fergusson la remplaça par une ficelle, serra
ainsi le pédicule dans deux anses séparées, et coupa le pédicule au-
dessus.

On trouva alors un kyste plus petit sur l'autre ovaire; il fut retiré au
dehors, ligaturé de la même façon et enlevé. Le plus gros pesait 15 livres, le plus petit 2 seulement. Les pédicules furent replacés dans
l'abdomen, mais on fixa les ligatures à l'angle inférieur de la plaie.

Tout alla assez bien jusqu'au quinzième jour, mais le seizième il survint des symptômes de péritonite, et la malade mourut le lendemain. À
l'autopsie, on trouva les deux pédicules couverts de granulations, mais les
intestins adhéraient entre eux et avec la paroi abdominale, par suite d'une
péritonite généralisée. Un phlegmon rétro-utérin avait envahi le tissu cellulaire du petit bassin; l'abcès, contenant deux pintes de pus, s'était vidé
par un petit pertuis ouvert dans la cavité abdominale.

Cette observation ne dit pas sur quels signes on s'est basé pour faire le
diagnostic de l'espèce de tumeur, puisqu'on n'employa pas la ponction
exploratrice.

*Deux énormes kystes multiloculaires; ovariotomie; mort le cinquième jour de
l'opération*; par le docteur A. Vallette, professeur de clinique chirurgicale à l'École de médecine de Lyon. (*Extrait.*)

Obs. Madame R..., âgée de 38 ans. Bonne constitution, santé antérieure
excellente. Examinée il y a quatre ans par M. Vallette pour le développement que son ventre commençait à prendre. 5 enfants, couches heureuses.
Réglée comme à l'ordinaire et sans aucun symptôme de grossesse. M. Valette constata la présence d'un kyste ovarique occupant la région iliaque
droite et présentant le volume d'une tête d'enfant de 2 ans. Comme la santé
était bonne et que la malade n'éprouvait ni fatigue ni douleur, on lui con-

seilla de n'entreprendre aucun traitement, tout en lui indiquant la marche probable de la maladie et la nécessité d'intervenir plus tard.

Quinze mois après, la santé était toujours bonne, mais la tumeur avait acquis un volume très-considérable; elle occasionnait de la gêne et des malaises variés. Ponction qui donna issue à 12 litres de liquide filant entre les doigts et de consistance albumineuse. On put alors reconnaître au fond de la fosse iliaque la présence d'une tumeur plus solide, et dès ce moment M. Vallette soupçonnait l'existence d'un kyste multiloculaire, ou bien d'un kyste simple reposant sur une base indurée. Soulagement momentané. Neuf mois plus tard, nouvelle ponction qui donna issue à 13 litres de liquide. L'exploration, après la ponction, permit de constater que la tumeur qui avait été reconnue avait augmenté de volume; elle semblait avoir envahi le côté gauche; l'utérus était d'ailleurs libre et mobile. L'idée d'un kyste multiloculaire se présenta de nouveau à M. le professeur Vallette, et il se demanda même s'il n'avait pas sous la main un kyste multiloculaire qui venait d'être vidé en grande partie, et un autre kyste beaucoup plus petit qui commençait à se développer du côté gauche.

A la 3ᵉ ponction qu'on fut forcé de pratiquer 7 mois plus tard, et qui donna issue à 16 litres de liquide couleur chocolat et de consistance presque gélatineuse, on put avoir la certitude qu'une poche existait du côté gauche. L'injection étant formellement contre-indiquée, on ne put céder au désir de la malade.

Six mois après, 4ᵉ ponction : 16 litres de liquide semblable à celui de la ponction précédente.

La tumeur se reproduisit avec une désolante rapidité. 4 mois après, nouvelle ponction. La poche du côté gauche avait pris un volume considérable, et, séance tenante, on fit de ce côté une autre ponction qui donna issue à 5 litres environ de liquide albumineux, mais d'une consistance moins épaisse et d'une coloration moins foncée que celui du côté droit. L'état général commençait à être moins satisfaisant, et l'amaigrissement faisait des progrès. Les kystes se remplissaient d'ailleurs avec tant de rapidité, que madame R... ne pouvait plus s'illusionner sur le sort qui l'attendait, et en effet elle ne put attendre que deux mois; la 6ᵉ ponction fut faite des deux côtés, et deux mois après il fallut recommencer. « Quand j'aurai dit que dans cette 7ᵉ ponction il sortit 17 litres de liquide du côté droit et 8 litres du côté gauche, j'aurai suffisamment démontré que la ponction était une ressource extrême, et qu'elle n'était pratiquée que quand les accidents éprouvés par la malade nous forçaient la main. »

La position devenait de plus en plus périlleuse : aussi madame R... réclama-t-elle avec instance l'ovariotomie, dont elle avait entendu parler.

On prépara la malade à l'opération; six semaines après, les kystes étaient déjà si distendus qu'on fit une huitième ponction, afin d'avoir des poches d'un·volume moins considérable, et dix-huit jours après, le 30 décembre 1862, l'ovariotomie fut pratiquée.

On formula le diagnostic : kyste volumineux du côté droit, très-probablement multiloculaire, avec des adhérences dont on ne pouvait déterminer l'étendue ; à gauche, kyste moins considérable.

La malade se trouvait à la maison de santé, place de la Charité n° 11, qui présente des conditions de salubrité aussi satisfaisantes qu'on peut le désirer dans l'intérieur de la ville ; incision de 17 centimètres sur la ligne blanche.

La main glisse entre les parois abdominales et le kyste, et détruit facilement les adhérences nombreuses.

Pédicule assez long et du volume de deux doigts. On le serre avec le clamp, et l'on coupe au-dessus de celui-ci, et, ce premier kyste enlevé, il fut facile d'apercevoir le second, sur lequel on pratiqua la même manœuvre.

Pas une goutte de liquide n'est tombée dans le péritoine ; une éponge douce est cependant promenée dans le petit bassin par précaution.

Réunion de la plaie par sept longues épingles flexibles et dorées ; elles compriment le péritoine. Chaque pédicule était serré par un clamp ; afin de pouvoir placer ces deux instruments sur la paroi abdominale et fermer en même temps la plaie, on a dû imprimer à l'utérus un mouvement de rotation sur son axe, de manière à ramener le pédicule droit en bas et le pédicule gauche en haut, sur la ligne médiane. Le premier clamp se trouva placé presque à l'angle inférieur de la plaie ; le second, à 3 centimètres environ au-dessus.

Plusieurs sutures métalliques furent placées sur les téguments pour assurer la solidité de la réunion.

Ce temps de l'opération a duré près de trois quarts d'heure ; l'éthérisation a été continuée jusqu'à la fin. A la fin de l'opération, le pouls était à 80. La respiration était régulière.

Anatomie pathologique des tumeurs enlevées.

Le kyste droit présentait des parois de structure fibreuse et généralement assez résistantes ; en quelques points cependant elles sont très-amincies, et une rupture n'eût pas tardé à se produire. La grande poche, qui avait donné 17 litres de liquide à une ponction, repose sur une grappe de huit ou dix kystes beaucoup plus petits, et qui, réunis, présentent le volume d'une tête d'enfant d'un an.

Le kyste gauche, bien moins volumineux, a des parois semblables au précédent ; il est à peu près monoloculaire, car seulement un petit kyste de la grosseur d'un œuf de poule s'est développé dans la paroi de la poche principale.

Les liquides ont été examinés au microscope par le docteur Perroud ; il a trouvé :

Dans le liquide du kyste droit, couleur de chocolat très-filant, trouble et contenant des flocons blanchâtres sans reflet nucacé :

1° Des globules rouges de sang normaux ou présentant les altérations suivantes :

(*a*) Hématies diminuées de volume et denticulées sur les bords;

(*b*) Hématies diminuées de volume, arrondies et mamelonnées à leur surface;

(*c*) Hématies décolorées et présentant un nombre plus ou moins grand de granulations disposées en cercle sur les bords;

2° Des corpuscules granuleux jaunâtres en grand nombre dits *corpuscules inflammatoires*;

3° De petits amas de fibrine, tantôt à l'état fibrillaire, tantôt à l'état granuleux. Cette fibrine retient, le plus souvent, emprisonnées un nombre plus ou moins considérable d'hématies. Ce sont ces amas fibrineux que l'on aperçoit à l'œil nu nageant dans le liquide sous forme de flocons blanchâtres.

Le liquide du petit kyste présente exactement les mêmes caractères microscopiques.

Le 30 décembre, six heures après l'opération, le pouls était à 86 ; il était régulier. Douleur partant des reins et s'irradiant dans les cuisses. La malade était néanmoins heureuse d'être délivrée; elle n'était nullement inquiète, car elle avait éprouvé les mêmes douleurs après chaque ponction.

Cathétérisme dans la soirée, évacuation d'une grande quantité d'urines limpides; rien à noter du côté de la plaie. Le ventre est souple et pas douloureux à la pression.

Quelques tasses de bouillon. Potion calmante le soir.

Le 31 décembre, la nuit fut mauvaise, les douleurs des reins et des cuisses ont pris une grande intensité; il n'y a pas eu de sommeil : la peau est chaude et sèche; le pouls est à 120. 10 centigrammes d'extrait gomme d'opium sont administrés dans la journée.

Le 1ᵉʳ janvier 1863, la nuit a encore été plus mauvaise que la précédente, les douleurs ont augmenté. La malade n'a pas goûté un seul instant de sommeil depuis l'opération. Pouls, 140.

Le 2 janvier, la nuit a été bien meilleure; quelques hoquets et nausées. Pouls 140, très-petit : les douleurs abdominales sont à peu près nulles. La plaie ne présente rien de particulier.

Le 3 janvier nuit relativement bonne; quelques douleurs au bas-ventre cèdent à un lavement de valeriane et d'opium. La faiblesse est extrême et le pouls est à 146, irrégulier; pour la première fois la malade goûte quelques instants de sommeil. A midi, la scène change; la malade se sent refroidir, la faiblesse est extrême, le pouls est si petit qu'on le sent à peine. Cataplasmes sinapisés, cruches d'eau bouillante tout autour du corps; le pouls est si fréquent qu'on ne peut pas le compter, les trait du visage présentent une altération extrême, l'intelligence cependant est toujours nette; le ventre n'est pas douloureux.

À trois heures, la malade accuse un sentiment de froid plus marqué ; le visage est coloré: à quatre heures vomissements de matières verdâtres; la malade trouve encore assez d'énergie pour pencher la tête hors de son lit afin de ne pas souiller ses draps.

À six heures, mort sans agonie. Autopsie. Elle n'a pas pu être complète.

L'abdomen est fortement distendu, mais c'est là un phénomène cadavérique, car au moment de la mort il était encore affaissé. La putréfaction a marché rapidement, ainsi qu'on l'observe après de grands traumatismes.

L'épiploon est rose et injecté, mais on ne trouve ni à sa surface ni dans les circonvolutions intestinales des traces d'inflammation; le péritoine pariétal ne présente pas non plus d'altération. La plaie est parfaitement réunie, rien ne suinte entre ses bords ; l'utérus se voit entre la partie inférieure, il est maintenu solidement en place par les clamps. Le petit bassin n'offre point de liquide épanché, point de fausses membranes.

En soulevant la masse intestinale on constate des adhérences qui se laissent rompre facilement. Immédiatement au-dessus des reins, il existe des fausses membranes de nouvelle formation, et environ de chaque côté une cuillerée à bouche d'un liquide séro-purulent.

La plaie est bien réunie; mais quand les clamps, les épingles et les sutures sont enlevés les adhérences se rompent facilement.

On n'a pas constaté la présence du pus.

M. Valette dit qu'à l'avenir deux choses appelleront plus particulièrement son attention : 1° calmer l'élément douleur au moyen de l'opium administré à hautes doses s'il est nécessaire; 2° soutenir les forces à l'aide des excitants, des toniques plus énergiquement administrés.

Histoire d'une malade sur laquelle l'ovariotomie a été exécutée deux fois;
par M. F. Spencer Wells (1).

Au mois de novembre 1862, j'ai été consulté par une femme mariée, âgée de quarante-deux ans, à laquelle un autre chirurgien avait extirpé une tumeur ovarienne il y avait six mois. Elle avait quitté l'établissement dans lequel l'ovariotomie avait été exécutée trois semaines après l'opération ; mais à peu près une semaine après son retour à la maison, elle tomba malade et observa une augmentation de volume du côté droit de l'abdomen. Elle consulta M. Ch. Locock qui l'avait vue avant la première opération, et qui lui dit qu'une autre tumeur se développait. M. Locock la vit ensuite en octobre, lui dit que la tumeur augmentait, et lui conseilla d'attendre trois mois avant de se faire pratiquer une seconde opération.

Quand elle vint me voir, je ne connaissais pas le cas dans lequel l'ova-

(1) Spencer Wels. Brochure, Londres 1862.

riotomie avait été pratiquée deux fois sur la même malade. On avait noté
un cas en Amérique dans lequel un chirurgien avait tenté d'enlever une
tumeur ovarienne, mais n'avait pas réussi, tandis qu'un autre chirurgien
y réussit plus tard ; mais je n'ai pu trouver aucun cas dans lequel une malade guérie après l'ovariotomie aurait subi l'opération une seconde fois à
cause de la maladie de l'ovaire restant. Je pris donc la précaution d'avoir
l'avis de plusieurs hommes éminents sur cette malade, et je crois que plusieurs d'entre eux qui l'ont vue avec moi ont regardé le cas comme sans
précédent ; mais j'ai appris depuis que le docteur Attlée (de Philadelphie)
avait exécuté avec succès l'ovariotomie sur une femme à laquelle le docteur
Clay (de Manchester) avait extirpé une tumeur ovarienne du côté opposé
seize ans auparavant. Le cas que j'apporte à la Société n'est donc pas le
premier dans lequel l'ovariotomie a été exécutée deux fois sur la même malade ; mais il paraît cependant assez intéressant pour me justifier en l'ap-
portant ainsi devant vous.

Quand la malade me consulta, la tumeur remplissait la plus grande partie
de l'abdomen. Au-dessous de l'ombilic, à droite, elle était élastique et
obscurément fluctuante, tandis qu'à gauche elle était très-dure. L'utérus
semblait étroitement lié à la tumeur dure du côté gauche. La *cataménie*
n'avait pas reparu dès la première opération ; mais à chaque période menstruelle, elle avait des douleurs dans le dos et dans les flancs qui duraient
un jour et qui laissaient de la douleur dans la hanche droite et une tuméfaction des mamelles pour deux ou trois jours. Dès l'opération, elle se plai-
gnait de douleurs au-dessous de l'épigastre avec flatulence, et les intestins
n'agissaient pas sans purgatif.

Le 25 décembre, les symptômes ordinaires revenaient à l'époque menstruelle ; mais cette fois-ci le flux menstruel eut lieu. Pas excessif en
quantité, il dura cinq jours.

Le 3 janvier 1863, le pourtour de l'abdomen au niveau de l'ombilic
était de 35 pouces, et de 40 pouces sur la partie la plus proéminente de
l'abdomen qui était à peu près à 3 pouces au-dessous de l'ombilic. La distance entre la symphyse pubienne et l'ombilic était de 11 pouces, et de l'ombilic jusqu'au cartilage xyphoïde de 6 pouces. De l'épine iliaque antérieure et supérieure à travers l'abdomen jusqu'à l'épine du côté opposé, il
y avait une distance de 18 pouces. Il y avait une cicatrice dure de trois quarts
de pouce sur la droite de la ligne blanche qui s'étendait de 2 pouces
au-dessous de l'ombilic jusqu'à 7 pouces au-dessous du même point, la
cicatrice était donc de 5 pouces de longueur. La tumeur se mouvait librement au-dessous de la paroi abdominale ; mais on sentait une légère cré-
pitation sur toute sa surface quand on lui imprimait des mouvements. La
dureté extrême de la portion de la tumeur à gauche de l'ombilic existait
toujours de même que l'élasticité et la fluctuation obscure de la portion droite
tout à fait comme au premier examen.

Il est évident que la connexion entre l'utérus et la tumeur était intime, puisque quand la malade était couchée sur le côté droit, on ne pouvait presque plus atteindre l'utérus. La sonde utérine entrait jusqu'à 4 pouces et demi, non pas vers la portion dure du côté gauche, mais vers le côté droit, sa pointe devenant bien perceptible juste au-dessus de l'anneau abdominal interne du côté droit. On pouvait trouver la fluctuation (quoique pas très-distinctement) par le vagin au-dessous de la portion dure de la tumeur du côté gauche.

Je consultai sur tous ces points M. Ch. Locock, et je lui proposai de faire une incision exploratrice et de se laisser guider, quant au procédé ulté-rieur, par les adhérences de la tumeur. M. Locock approuva ma propo-sition et ajouta : « L'opération présente le seul espoir d'amélioration. »

Avant de procéder à l'opération, je considérai s'il ne serait pas mieux de faire l'incision de la ligne blanche, c'est-à-dire à un pouce de distance de la cicatrice ou sur une des lignes semilunaires.

Mais puisqu'il y avait du doute si la tumeur appartenait à l'ovaire droit ou si elle appartenait à une portion non extirpée de l'ovaire gauche, en d'autres termes, si l'utérus était tiré ou poussé vers le côté droit, il me sem-blait plus sûr d'inciser suivant la ligne médiane que de risquer de faire l'incision du côté opposé à l'adhérence utérine.

J'exécutai l'opération le 13 janvier 1863, M. Clower administra le chloroforme, et j'étais assisté intelligemment par les Docteurs Savage, Drage et Webb (de Welwyn). Je fis une incision sur la ligne blanche 3/4 de pouce à gauche de la cicatrice, et parallèle aux derniers 4 pouces de la cicatrice. En divisant le péritoine, on voyait la tumeur composée de kystes, à parois très-minces et distendues fortement par un liquide clair. Ces kystes ou plutôt ces divisions d'un seul kyste multiloculaire, passaient successivement à travers l'ouverture de la paroi abdominale. A mesure que le docteur Savage pressait la tumeur d'arrière en avant, plusieurs couches opaques de lymphe organisée et une couche de l'épiploon distendu étaient poussées en avant du kyste et furent divisées sur une sonde cannelée. Une partie de l'épiploon qui adhérait au kyste et à la paroi abdominale, vers la partie supérieure de l'incision, fut facilement divisée, et la tumeur fut ensuite expulsée entièrement sans vider un seul kyste. Le pédicule était court, mais il fut facilement retenu par le clamp; il provenait comme d'ordinaire du côté droit de l'utérus. L'utérus semblait de grandeur natu-relle. Aucun reste de l'ovaire du côté gauche ne fut trouvé. Après avoir enlevé la tumeur, un peu de sang sortit autour du clamp; mais on l'arrêta par une forte ligature du pédicule au-dessous du clamp. On lia un vaisseau dans la paroi abdominale et deux dans l'épiploon, juste au-dessus de l'angle supérieur de l'incision; une portion considérable de l'intestin grêle adhérait fermement à la paroi abdominale. Comme la malade s'était plainte de douleurs en ce point et avait souffert de constipation dès la première opération , j'examinai la connexion entre l'intestin et la paroi abdominale, pour voir si l'on ne pourrait pas les séparer; mais les adhérences paraissaient si intimes que je n'osai pas essayer la séparation. La plaie fut réunie par des sutures profondes et superficielles en soie.

Le kyste est placé sur la table de la société. C'est un bon exemple de ce qu'on appelle en général kyste prolifère composé ; il est curieux que les petits groupes de kystes en miniature s'accroissent non-seulement dans l'intérieur de la cavité du kyste *générateur*, ou se projectent en dedans, mais perforent aussi la paroi du kyste et se projettent dans la cavité péritonéale.

La malade se porte très-bien après l'opération, et semble s'améliorer pendant les premières 48 heures. On donna deux petites préparations opiacées à cause de la douleur, mais la réaction n'était pas excessive. Son aspect général était bon et la langue, quoique blanche, était humide, le pouls était à 100. J'enlevai le clamp 44 heures après l'opération, puisqu'il semblait être tout à fait indépendant du pédicule qu'il ne serrait plus. La ligature placée au-dessous sortit au même temps avec un lambeau de tissu fibreux mortifié. Il n'y avait point d'hémorrhagie. J'ôtai aussi 3 des sutures.

Le 16 janvier, le troisième jour après l'opération, il y avait un peu de météorisme et des éructations fréquentes, mais pas de vomissements. Le rectum fut nettoyé par un lavement ; à neuf heures du soir, pendant un des accès d'éructation, la partie inférieure de la plaie céda et une anse d'intestin passa à travers. Une quantité considérable de sérum fétide s'échappa aussi. Je réunis l'intestin, je fis trois sutures profondes , et la malade ne semblait pas s'en porter plus mal.

Le jour suivant, le 17, il y avait une décharge fétide et spontanée par la partie inférieure de la plaie et les vomissements devenaient fatiguants ; le pouls n'était que de 100 et l'aspect était bon.

Le 18, le pouls était à 120, mais la langue moite et se nettoyait vers les bords; la coloration des joues et des lèvres était très-bonne. Cependant la malade était décidément plus faible et la lympanite augmentait.

Elle continua à s'affaiblir pendant le jour suivant malgré l'emploi de stimulants et d'aliments administrés par la bouche et par le rectum, et elle mourut le 7ᵐᵉ jour, 154 heures après l'opération.

La décomposition du cadavre se faisait très-rapidement, une quantité considérable de sérum fétide existait dans la cavité péritonéale et il y avait même des traces de péritonite récente démontrée par des flocons de lymphe. Il n'y avait ni sang ni caillots, et il n'y avait que deux ou trois lambeaux d'un tissu bourbeux à la place où l'on avait enlevé la tumeur du côté droit de l'utérus. Le pédoncule de la tumeur qui avait été enlevé d'abord reliait le côté gauche de l'utérus étroitement à la paroi abdominale. La portion adhérente d'intestin que j'avais observée pendant mon opération, adhérait si étroitement à la paroi abdominale qu'il était difficile de la séparer par la dissection, et la plus grande partie de l'épiploon adhérait à la paroi abdominale.

Ce cas à lui seul suffit pour prouver que l'ovariotomie peut être exécutée deux fois sur la même malade sans aucune difficulté extraordinaire. Quel en peut être le risque relativement au risque d'opération première, ne peut être prouvé que par un certain nombre de cas. En réfléchissant sur ce cas qu'en exécutant l'opération pour la seconde fois sur la même malade, on devrait plutôt faire l'incision à une certaine distance de la cicatrice restée après la première opération; ou si l'incision est faite près de la cicatrice, les sutures doivent être laissées plus longtemps que dans les cas ordinaires, puisque le procès de réunion peut être plus lent près d'une cicatrice que près de toute autre partie non altérée.

Les indications suggérées à ceux qui exécutent l'ovariotomie dans des circonstances ordinaires sont : 1° que l'opérateur doit prendre soin non-seulement d'enlever toute portion d'une tumeur ovarienne d'un côté si c'est possible, mais aussi d'examiner soigneusement l'ovaire du côté opposé et d'être guidé dans sa pratique par la connaissance de ce que si l'ovaire n'est pas sain et reste en place il y aura probablement croissance morbide qui nécessitera une seconde opération;

2° Qu'en unissant la plaie de la paroi abdominale on doit rapprocher de très-près les bords séparés du péritoine selon la manière que j'ai proposée le premier il y a 5 ans à cette même Société. Les adhérences entre l'épiploon, l'intestin et la paroi abdominale observées sur cette malade, ressemblent complétement à la condition que j'ai observée sur des chiens, lapins, cochons d'Inde, après une ouverture de l'abdomen et fermeture de la plaie par des sutures qui ne comprenaient pas le péritoine. Dans tous les cas le sac séreux était complété par l'adhérence des portions de l'épiploon, ou des intestins, ou de deux, et dans certains cas les animaux étaient très-incommodés par ces adhérences; mais dans tous les cas où les surfaces du péritoine avaient été accolées par des sutures, la réunion se fit sans aucune adhérence de l'épiploon ou des intestins. On place plusieurs préparations sur la table de la Société, qui démontrent ces faits et qui prouvent que le danger supposé des sutures mises en rapport avec les viscères et les irritant, ou des trajets de suture formant des ouvertures fistuleuses entre la peau et les cavités péritonéales, sont purement des dangers imaginaires. On peut démontrer que l'application des bords du péritoine cache complétement les sutures de la cavité périto-néale, et même on aurait laissé des sutures assez longues pour former des sillons, ceux-ci doivent encore rester extérieurs à la cavité péritonéale.

Le chirurgien qui exécute la première opération sur cette malade ne comprend pas le péritoine dans ses sutures, et je pense que l'adhérence de l'intestin et de l'épiploon avec la gêne et la constipation éprouvées par la malade (inconvénients observés sur les animaux traités de cette manière, mais jamais observés sur ceux chez lesquels le péritoine avait été compris dans les sutures, et jamais observés sur les malades qui sont mortes ou guéries entre mes mains), sont des arguments fort en faveur de cette manière de réunir toutes les plaies pénétrantes de l'abdomen, que j'ai soumis à la considération de mes confrères dans ce document et dans d'autres mémoires que j'ai soumis à la Société.

Extirpation d'une tumeur de l'ovaire pratiquée avec succès pendant la grossesse; par M. Burd (Revue méd.-chir., 1848, p. 42).

Une femme de vingt-cinq ans, d'un assez grand embonpoint, entra à l'hôpital de Selop le 28 février 1846. Mariée depuis quatre ans, elle avait déjà eu trois enfants, et sa santé avait toujours été bonne jusqu'à la dernière couche (sept mois auparavant), époque à laquelle elle s'aperçut pour la première fois que son ventre augmentait de volume. Un mois après, elle reconnut l'existence d'une tumeur dure qui se déplaçait par les mouvements de la malade. Son dernier enfant était bien portant, et son dernier accouchement avait été très-favorable comme les deux précédents.

Le 3 mars, l'abdomen, mesuré au-dessus de l'ombilic, offrait 37 pouces de circonférence ; sa forme était irrégulière, et, du côté droit, on sentait distinctement une tumeur considérable, très-mobile et n'offrant qu'une fluctuation très-imparfaite. Un mois après elle était dans le même état, et la santé générale ne paraissait nullement avoir souffert. La langue était nette, le pouls petit, à 80, les excrétions alvines et les urines parfaitement normales. Dans ces circonstances, et la tumeur n'ayant subi aucun changement sous l'influence des traitements divers qui avaient été mis en usage par M. Solinson et moi, je conseillai à la malade de renoncer à toute thérapeutique, de porter un bandage élastique pour maintenir la tumeur, en lui recommandant de revenir si la tumeur augmentait de volume. Elle revint en effet cinq mois après, le 5 septembre.

A cette époque, la tumeur avait acquis des dimensions considérables. L'abdomen mesurait 45 pouces de circonférence au niveau de l'ombilic et 22 pouces de l'appendice xyphoïde au pubis. La fluctuation était évidente, la dyspnée très-fatigante. La malade n'offrait d'ailleurs aucun des symptômes ordinaires d'une grossesse.

L'avis unanime des médecins appelés à voir cette femme fut que l'opération de l'ovariotomie était parfaitement indiquée. Elle se décida pour l'opération.

Le 15 septembre, l'intestin ayant été préalablement débarrassé par quelques cuillerées d'huile de ricin, la malade ayant été couchée dans la position horizontale, les reins soutenus par plusieurs oreillers, je pratiquai au milieu de l'espace compris entre le pubis et l'ombilic, une incision suffisante pour introduire le doigt et par laquelle s'échappa une petite quantité de sérosité transparente. La tumeur fut mise à nu, et je pus, en introduisant le doigt, reconnaître qu'il n'existait aucune adhérence. L'incision fut prolongée en haut jusqu'à 1 pouce et demi de l'appendice xyphoïde, et en bas jusqu'au pubis. Je ne découvris pas davantage d'adhérence. Alors j'introduisis un trocart dans le kyste le plus volumineux, et je retirai trois gallons de liquide épais, glaireux et fortement albumineux. La tumeur fut réduite à un volume tel, que je pus songer à l'extraction.

Au moment où j'entraînais la tumeur en avant pour en examiner le pédicule, j'aperçus l'utérus qu'à son volume je reconnus contenir un produit de conception datant de trois à quatre mois. Le pédicule de la tumeur était tellement large, qu'il me fallut le fractionner en trois portions à l'aide de ligatures doubles. Cette partie de l'opération fut des plus difficiles ; et quand on coupa le pédicule, il y eut une hémorrhagie si effroyable, que, si je n'eusse été secouru par les chirurgiens qui m'assistaient, la mort en eût été immédiatement le résultat. Une nouvelle ligature fut alors placée sur le pédicule et serrée fortement. Puis je liai successivement toutes les artérioles et les vaisseaux divisés avec un fil de soie ; ensuite les lèvres de la plaie furent réunies par des points de suture entrecoupés et maintenus par des bandelettes.

La tumeur était formée par une quantité de kystes. Avec son contenu, elle ne pesait pas moins de 50 livres.

Au moment où l'opération fut terminée, le pouls était à 88, petit et filiforme. On administra immédiatement 1 gros de teinture d'opium. Trois heures après, douleurs dans le dos, face anxieuse, pouls à 90 ; quelques vomissements peu abondants. Six heures après, la malade eut une demi-heure de sommeil, et l'on retira 4 onces d'urine par le cathétérisme. A partir de ce moment, douleurs utérines toutes les cinq ou dix minutes.

Le sommeil fut court et interrompu ; les douleurs utérines persistèrent tout le lendemain jusqu'à huit heures du matin, le 17, où l'*avortement* eut lieu. L'enfant se présenta naturellement ; il était mort. Une heure après, les secondines furent expulsées par suite de l'administration de 0,50 cent. de seigle ergoté. Pas d'hémorrhagie dans la journée, pas de vomissements ; pouls de 108 à 130 serré. Une saignée de 4 onces fut pratiquée pendant le travail.

Dans la journée du 17, l'abdomen un peu météorisé et sensible à la pression, quelques nausées, face anxieuse, urines naturelles ; pas de lochies (liqueur sédative, 20 gouttes). A huit heures du soir, nouvelle dose d'opium, à cause du hoquet, du ballonnement du ventre, de la sensibilité épigastrique, de l'agitation de la malade. On ajouta de petites quantités d'eau-de-vie coupée d'eau et d'ammoniaque.

Le 25, amélioration sous tous les rapports.

Le 8 octobre, trois des ligatures tombèrent, et les autres se succédèrent ainsi jusqu'à la fin du mois. Le 6 novembre, la cicatrisation était complète, et la malade pouvait se promener dans les salles de l'hôpital.

Elle sortit guérie le 15 novembre, et reprit immédiatement ses travaux habituels.

Le 4 avril 1848, cette femme accoucha d'un enfant mâle, robuste, et a joui d'une santé non interrompue (Clay, *Appendice à la traduction Kuiwisch*, cas. 40).

Ovariotomie sur une femme enceinte, par M. Pollock (1).

Une femme entre à *Saint-George's hospital*, dans le service de M. Pollock, pour une tumeur abdominale datant de neuf mois. Elle avait déjà été ponctionnée cinq fois auparavant, et il s'en était suivi un avortement. La tumeur reparut, on la ponctionna de nouveau; mais la marche de la maladie continuant cinq semaines après la seconde ponction. le 28 août 1862, M. Pollock pratiqua l'ovariotomie. La tumeur, qui renfermait du liquide gélatineux, fut ponctionnée, vidée, retirée au dehors, liée et enlevée, comme à l'ordinaire. Mais on s'aperçut alors de l'existence d'une seconde tumeur fluctuante que l'on crut dépendre de l'autre ovaire; on la ponctionna, il sortit un liquide clair, et, en cherchant à l'extraire, on vit que c'était l'utérus gravide renfermant un fœtus mort. La plaie abdominale fut refermée; le soir, la malade éprouva quelques douleurs et avorta. Le lendemain elle allait bien, mais la nuit suivante elle s'affaiblit considérablement et mourut en quelques heures. L'autopsie ne fut pas permise.

Description d'une ovariotomie exécutée dans le Samaritan hospital, le 16 novembre 1863, par M. Spencer Wells (2).

La malade, une femme de vingt ans, est couchée sur la table d'opération obliquement, contre la lumière, les pieds et la partie supérieure du corps entourés de couvertures et le milieu du corps couvert d'une toile cirée, qui ne laisse à découvert que le champ de l'opération au moyen d'une fente médiane. On chloroformise complétement la malade, ce qui dure dix minutes. Avec un bistouri ordinaire, on fait une incision sur la ligne blanche jusqu'au péritoine; ensuite on prend chacune des couches suivantes avec un tenaculum, on les incise avec un couteau, on introduit la sonde cannelée et l'on fend ainsi les dernières couches dans la direction de l'incision jusque sur la tumeur. Celle-ci se présente comme non adhérente, ce qui est démontré par l'introduction et les mouvements de la sonde. On introduit vite le trocart, et on le fixe à la tumeur avec les pincettes qui s'y trouvent attachées. Du tube en caoutchouc s'écoule à peu près 17 pintes, ce qui équivaut à 8 litres et demi environ de liquide qui tombe dans un seau placé au-dessous. Déjà vers la fin de l'écoulement, on retire avec le trocart toute la tumeur très-volumineuse par l'incision de trois pouces et demi de longueur,

(1) Dublin, *Med. press.* 24 septembre 1862; — *Gazette hebdom.* 1862, p. 700.
(2) Nous profitons de cette occasion pour remercier encore une fois le docteur Hitzig (d'Arzt) qui a eu l'obligeance de nous communiquer cette observation.

et on lie le pédicule; pour cela, on le perça d'abord avec une aiguille et on le lia ensuite en deux parties (le clamp ne pouvait pas être employé à cause de la brièveté du pédicule); ensuite on coupa le pédicule au-dessus de la ligature et l'on coupa celui-ci et les fils de la ligature aussi courtement que possible. Pendant ce dernier travail, on rapprochait déjà les bords de la plaie, et on les réunissait avec des fils en soie, on laissa le pédicule dans la cavité abdominale. On attend donc la chute des fils; ensuite on nettoya le champ de l'opération, et l'on recouvrit toute la plaie avec des bandelettes en diachylon d'un pouce de largeur, de manière que les bords ne se rapprochaient que légèrement. Ces bandelettes s'étendent sur les deux côtés jusqu'à la partie latérale du corps. Sur les bandelettes, on met une couche de ouate et un drap en flanelle; ensuite l'opérateur porte lui-même la malade dans son lit et arrange le drap en flanelle, consistant en deux couches, de telle manière que son milieu correspond à la plaie; ses deux ailes se croisent sur le dos, et les bouts sont fixés au côté gauche du corps. Le lit avait été chauffé avec des bouteilles en caoutchouc. La malade avait été déjà vêtue. Ces vêtements consistaient d'une jaquette en flanelle, d'une chemise et d'une seconde jaquette en flanelle par-dessus plus longue. L'opérateur arrange lui-même ces habillements par derrière. Le lit est placé près de la fenêtre d'une large chambre à deux fenêtres; l'opérateur ferme lui-même les volets. La durée totale n'a pas été de 20 minutes. (Pendant l'opération la malade ne fut pas mouillée par une seule goutte de liquide.)

A cette occasion, j'ai vu une malade qui a été opérée il y a trois semaines en ma présence; elle était hors de son lit; elle se trouvait extrêmement bien, attendant qu'on la renvoyât au bout de huit jours. Chez cette malade la tumeur, également très-volumineuse, était complétement adhérente au péritoine et devait être séparée de celui-ci avec une force si considérable, que non-seulement les parois abdominales, mais encore le diaphragme et les parois thoraciques suivaient la traction, et que des hommes inexpérimentés pouvaient croire à chaque instant voir sortir les intestins. Je dois avouer que quand j'ai visité, le troisième jour après l'opération, le *Samaritan hospital*, j'étais fermement convaincu de ne trouver qu'une morte; mais la malade se trouvait dans le meilleur état, et M. Spencer Wells, avec lequel j'ai eu à cette occasion une longue conversation, me disait que dans ce cas le péritoine était tellement altéré qu'on pouvait impunément le traiter de telle manière. Pour cette malade, on avait employé le clamp.

Je n'ai pas revu l'autre malade; mais M. Spencer Wells m'a fait parvenir des nouvelles de sa guérison.

Ovariotomie suivie de tétanos. — Emploi du curare. — Guérison.
(Gazette hebdom. 1860, p. 807. J. Worms.)

Le 6 octobre 1859, M. Spencer Wells pratiquait l'ovariotomie sur une femme âgée de 41 ans. La tumeur enlevée était un kyste composé; une de ses cavités contenait 7 litres de liquide : la masse solide pesait 27 livres.

Les adhérences épiploïques étaient seules résistantes et nécessitèrent la ligature de quatre vaisseaux.

Le pédicule fut maintenu dans la plaie par le clamp.

La malade allait si bien après l'opération, qu'on se borna à administrer, pendant les premiers jours, quelques gouttes de laudanum et à placer un cataplasme sur la plaie. Celle-ci se réunit par première intention, à l'exception de la portion inférieure où était placé le pédicule.

Le quinzième jour, la malade put être placée sur un sofa.

Il n'y avait qu'une petite étendue de la surface du pédicule qui suppurait à cette époque; mais le lendemain, il survint tout à coup un sentiment de constriction à la gorge et de la difficulté à ouvrir la bouche.

Le dix-septième jour, les symptômes de tétanos limités à la mâchoire et à la nuque étaient évidents. La respiration était encore normale, mais la déglutition n'était plus possible : les arcades dentaires ne pouvaient plus être desserrées.

M. Spencer Wells songea à employer le curare pour combattre ces accidents.

Deux grains (10 cent.) de curare furent dissous dans une once (30 gr.) d'eau distillée, et 30 gouttes de cette solution appliquées sur la portion du pédicule qui suppurait encore dans la plaie.

Loin de s'améliorer, l'état de la malade devint plus grave; il y eut plusieurs attaques convulsives.

Dans la soirée on injecta 20 gouttes de la même solution dans le tissu cellulaire de la région de l'angle maxillaire gauche. Cette opération fut suivie d'une nouvelle attaque convulsive, accompagnée de la suspension de la respiration pendant quelques instants; mais les accidents diminuèrent d'intensité à partir du moment où cette attaque eut cessé.

Le lendemain on put entr'ouvrir la bouche; cependant il persista pendant une huitaine de jours un peu de roideur, qui disparut ensuite complétement.

Le 19 novembre, la plaie était complétement cicatrisée, et la malade était complétement guérie de ses accidents nerveux.

Cette dame a continué à se porter très-bien, et le 2 novembre 1860, elle a été délivrée d'un enfant à terme et bien portant par M. le docteur Ridsdale (de Euston square). Le 21 novembre, elle était complétement remise des suites de son accouchement.

Observation de **M. Nélaton.** *— Ovariotomie; guérison de l'opération, mort de tétanos vingt et un jours après.* (Gaz. hebd., p. 483, 31 juillet 1862.)

Femme de vingt-six ans. — Les premiers symptômes de la tumeur remontent à un an. L'accroissement de la tumeur fut rapide, tellement rapide, qu'il fallut pratiquer une ponction palliative le 17 mai dernier. Au bout de dix jours, la tumeur reprit son volume primitif.

Le 17 juin, l'opération de l'ovariotomie fut pratiquée dans la maison de santé de M. le docteur Duval.

L'opération s'est faite suivant les règles ordinaires : ouverture de l'abdomen, traction de la tumeur à l'aide d'une pince spéciale, ponctions multiples avec un trocart volumineux, destruction de quelques adhérences de l'épiploon et de l'intestin grêle, constriction du pédicule, ligatures jetées sur quelques artères, fixation du pédicule, suture de la plaie abdominale avec des fils métalliques. (Anesthésie chloroformique.)

Mais pendant l'opération, du liquide s'était épanché dans la cavité péritonéale. Pour prévenir les dangereux effets de cet épanchement, M. Nélaton n'hésita pas à introduire une éponge dans le cul-de-sac utéro-rectal jusqu'à l'entière évacuation du liquide épanché.

L'opération fut suivie de quelques frissons, de douleurs abdominales, de coliques vagues et mobiles, de vomissements, ne portant toutefois que sur les boissons ingérées.

Le pouls ne s'est jamais élevé au-dessus de 96.

Le lendemain et le surlendemain encore des coliques et des vomissements.

Le quatrième jour, hoquet : vésicatoire volant dans la région épigastrique. L'instrument qui tenait le pédicule est retiré.

Le cinquième jour, les sutures métalliques sont enlevées.

Le septième jour, purgatif.

Le 26 juin, cicatrice linéaire à peine apparente au niveau de l'incision ; dépression ombiliquée au niveau du point occupé par le pédicule ; 62 pulsations ; bon appétit ; état général excellent.

Après avoir été dans l'état le plus satisfaisant pendant plus d'une semaine, la malade, prise de tétanos, a succombé au bout de vingt et un jours.

M. Nélaton montre les pièces. La plaie abdominale était parfaitement cicatrisée : il n'y avait dans le péritoine, la région opérée, et le tissu cellulaire sous-séreux, ni inflammation, ni épanchement, ni foyer capables d'expliquer la mort. Celle-ci, sans contestation, est attribuée au tétanos.

Le tétanos qui l'a emportée s'est produit sous l'influence de causes difficiles à découvrir, mais étrangères à l'opération elle-même. L'autopsie fut faite trente-six heures après la mort. Les organes avaient déjà subi un commencement de putréfaction.

La vessie était comme bridée et divisée en deux lobes par le pédicule, et cependant aucun symptôme ne s'est manifesté de ce côté pendant la vie. Des trois ligatures artérielles qui avaient été laissées dans l'abdomen, une seule a été retrouvée dans l'épiploon, mais sans qu'elle y eût produit aucun désordre. Les deux autres avaient disparu.

Observation de M. Spencer Wells. — Kyste aréolaire ; guérison ; mort une année après avec des dépôts cancéreux. (Gazette hebdom., 1862.)

Femme âgée de 33 ans, mariée ; a 3 enfants dont le plus jeune a 3 ans. Après ses dernières couches son ventre ne diminua pas de volume ; un an plus tard elle constate l'existence d'une tumeur qui prend un développement rapide.

Le 1ᵉʳ novembre 1858 elle entre à *Samaritan hospital.* Maigreur et faiblesse extrême ; ventre mesurant 30 pouces du pubis au sternum, et 57 de tour au niveau de l'ombilic.

Le 5 novembre, ponction explorative.

Il s'écoula 57 pintes de sérosité trouble et l'on découvrit alors une tumeur irrégulière composée de plusieurs lobes.

On la ponctionna. Son contenu était trop épais pour qu'il pût être vidé, même par une incision ; celle-ci fut considérablement élargie ; adhérences, séparées aisément. Le pédicule était à gauche, court et large ; serré entre les deux lames d'une grande pince métallique et coupé. Hémorrhagie d'une veine pelvienne ; ligature. Ovaire droit sain.

Plaie abdominale, réunie par 9 sutures.

Pas de symptômes fâcheux après l'opération ; tumeur sans le liquide pesant 20 livres ; enveloppe externe très-résistante, de nature fibreuse et riche en vaisseaux ; la cavité de la tumeur était constituée par une masse d'alvéoles variant en volume depuis celui d'un pois jusqu'à celui d'une pomme. Il n'existait qu'une grande poche qui renfermait le liquide visqueux ; les petites cavités étaient remplies d'une substance gélatiniforme très-foncée en couleur dans les unes et très-claire dans les autres.

En somme c'était une tumeur fibroïde à réseau irrégulier, remplie de matière gélatineuse à laquelle on aurait pu appliquer la dénomination de cancer colloïde ou aréolaire. Cependant le microscope ne put constater la dégénérescence colloïde.

Bien portante jusqu'à l'été suivant, madame Jardius (de Capet) écrivait le 10 février 1859 qu'à cette époque elle faisait de longues courses à pied et présentait l'aspect de la meilleure santé.

Dans le courant de l'été elle fut atteinte de constipation opiniâtre, puis de véritable étranglement interne, et mourut le 26 août 1859.

Le péritoine et les intestins étaient couverts de dépôts cancéreux et en trois points ; leur volume était tel qu'ils avaient comprimé complétement une anse intestinale.

Le pédicule de la tumeur enlevée était solidement fixé dans la cicatrice abdominale.

Observation de M. Spencer Wells. — Ascite-péritonite intérieure; ovariotomie; mort. (Gaz. hebdom. 1862, p. 142. J. Worms.)

Femme de 52 ans, ayant eu 3 enfants; vit, après la ménopause, survenir une tumeur ovarique qui semblait se développer plus à droite qu'à gauche. En novembre 1859 l'abdomen mesurait 87 centimètres de circonférence; et dans les derniers treize mois, c'est-à-dire jusqu'en décembre 1860 il augmenta encore à 1 mètre 5 cent. Il y avait parfois de l'enflure aux jambes; une ponction fut faite en mai 1861; il sortit de la *cavité péritonéale* 10 pintes de liquide séreux, jaunâtre, et d'un kyste ovarique 20 pintes d'un liquide d'une couleur plus foncée. Une tumeur persistait encore du côté droit, il ne survint aucun symptôme fâcheux; l'*urine ne contenait pas d'albumine.* Le 2 septembre 1861 le ventre avait repris son volume, et nous eûmes une consultation pour savoir si nous aurions recours à une simple ponction ou à l'ovariotomie. Malgré l'âge de la malade et l'anasarque, nous nous décidâmes pour l'ovariotomie qui fut pratiquée le 3 octobre. Après avoir fait une incision et vidé le kyste principal et quelques-unes des poches secondaires, la tumeur fut amenée à l'extérieur sans même qu'on eût vu les intestins; le pédicule, très-épais fut saisi avec la pince, et l'on détacha la tumeur. Le pédicule fut alors traversé au-dessous de la pince et serré entre trois ligatures séparées qui en étranglaient chacune une portion; on enleva le *clamp,* mais deux vaisseaux sectionnés donnaient du sang et durent être liés à part, les ligatures du pédicule n'arrêtant pas suffisamment l'hémorrhagie; on laissa alors échapper le liquide de l'ascite, et la plaie fut fermée à la manière ordinaire. Nous remarquâmes que le péritoine, au lieu d'être lisse, poli et brillant, était rugueux, rouge et d'aspect granuleux, comme s'il était atteint d'inflammation chronique; le kyste, son contenu et la sérosité de la cavité abdominale pesaient ensemble 35 livres.

La malade alla très bien pendant le jour et passa une bonne nuit; il y eut le soir un peu de suintement sanguin à la surface du pédicule, ce qui me détermina à réappliquer la pince; mais la nuit il survint un frisson très-violent, du malaise, des symptômes alarmants, et malgré les excitants la mort survint 47 heures après l'opération.

L'*autopsie* nous permit de constater l'existence d'une péritonite étendue, tout à la fois récente et antérieure à l'opération; l'ovaire gauche était sain, l'ovaire droit avait été enlevé; le ligament large de ce côté était très-hypertrophié. Il n'y avait dans la cavité péritonéale ni sang ni caillots; la plaie du péritoine était déjà réunie, les traces de péritonite se voyaient surtout autour du foie.

Observation de M. Baker Brown. — *Ovariotomie. Adhérences nombreuses avec l'intestin. Fistule stercorale. Guérison.* (*Lancet medical Times*, 20 décembre 1862.)

Madame C..., âgée de 39 ans, non mariée. Début de l'affection, deux ans; ponctionnée le 5 juin 1862. Ovariotomie le 15 juillet. Adhérences nombreuses à l'intestin ; épiploon adhérant en trois endroits, lié et sectionné; hémorrhagie assez abondante. Le 23, les matières fécales passent en grande quantité dans l'angle inférieur de la plaie, et un large morceau d'intestin gangrené est retiré. Il subsiste pendant quelque temps une fistule stercorale qui finit par s'oblitérer spontanément. Guérison parfaite.

Kyste multiloculaire de l'ovaire; ovariotomie; ulcération et ouverture de la vessie; mort; par M. Henri Smith. (*Gaz. hebdom.* 1863, p. 662.)

Femme âgée de 38 ans, mariée et mère de cinq enfants, entra à King's College pour y être traitée d'un kyste de l'ovaire. Dix mois auparavant, deux ponctions avaient été pratiquées et donnèrent issue à un liquide verdâtre. L'état de la malade était le suivant :

Une tumeur très-considérable, dure, mal limitée, occupait le centre et le côté droit de l'abdomen, depuis sa partie inférieure jusqu'au niveau de la deuxième côte. Près du centre de la tumeur et à gauche de l'ombilic s'ouvrit une fistule, donnant librement issue à un fluide mélangé de pus et du liquide ordinaire des kystes de l'ovaire. C'est en ce point qu'avait été faite la dernière ponction. La tumeur tout entière était peu mobile, la peau était adhérente.

La santé générale de la malade était très-mauvaise, les douleurs abdominales incessantes, l'écoulement par la fistule était continuel. Un traitement tonique par le fer et le quinquina améliora beaucoup la santé, sans faire diminuer l'écoulement; on se décida à pratiquer l'ovariotomie, après avoir, suivant le conseil de M. Baker-Brown, fait prendre tous les jours, pendant une semaine, un bain ordinaire. Le 27 juin, M. Henri Smith pratiqua l'opération de la manière suivante : le ventre ouvert et le péritoine incisé, on vit que la tumeur, dans les trois quarts de son étendue, était recouverte par l'épiploon qui lui adhérait; on le détacha avec les doigts, non sans quelque difficulté, et l'on mit ainsi à découvert les parties supérieures et latérales de la masse morbide. Un gros trocart y fut enfoncé, et, après l'avoir retiré, on vit que la canule était remplie d'un fluide gélatineux. Sur le conseil de M. Fergusson, M. Smith agrandit son incision, plongea les mains dans l'abdomen en dehors de la tumeur, et constata qu'elle était adhérente aux intestins et au mésentère. On se demanda si l'on ne devrait pas interrompre l'opération; mais en se servant tantôt du bistouri, tantôt des doigts, on put rompre les adhérences; le pédicule n'était pas large, on le serra dans un clamp, et la tumeur fut enlevée. Elle avait à peu près le volume de la tête d'un adulte, et se composait de grands et petits kystes. Le fluide contenu dans les premiers était gélatineux, épais, et ne s'écoulait pas même après l'incision des parois kystiques, de telle sorte qu'au point de vue pratique la tumeur pouvait passer pour solide.

Après l'opération il n'y eut pas de réaction ; on appliqua un supposi-toire de jusquiame et d'opium, on prescrivit pour la nuit de l'opium et de la créosote. Les nausées engagèrent M. Smith à interrompre toute alimen-mentation par la bouche et à faire administrer toutes les deux heures un lavement de bouillon de bœuf et d'eau-de-vie.

Le lendemain, la malade peut prendre du bouillon de bœuf, 6 onces de vin et quelques œufs. Le sixième jour on enlève le clamp, mais le septième jour on s'aperçoit que de l'urine passe par la plaie abdominale. Ce smptôme fâcheux ne fait que trop prévoir une issue fatale ; l'urine continua à couler par la plaie jusqu'à la mort de la malade, survenue le vingtième jour après l'ovariotomie.

A l'autopsie on constata sur la paroi supéro-postérieure de la vessie une ouverture assez large pour laisser passer deux doigts. L'ovaire gauche était aussi le siége d'une transformation kystique ; enfin, il y avait tous les signes d'une péritonite supurée.

Observation de M. Borlase Childs ; *ovariotomie ; mort par hémorrhagie* (Mémoire de M. J. Worms).

Une femme de 50 ans, d'une bonne santé, entre à *Metropolitan free Hos-pital*, à Londres, dans le service de M. Borlase Childs.

Elle s'est aperçue, depuis 15 mois, de l'existence d'un développement anormal de l'abdomen. M. Borlase Childs reconnaît une tumeur monocys-tique de l'ovaire, non adhérente, et, trouvant ce cas très-favorable pour l'extirpation, il soumet sa malade à cette opération le 14 février 1859.

La température de l'appartement était élevée, on a donné de l'opium à la patiente. Une incision de 4 pouces suffit pour extraire la poche, après qu'elle a été ponctionnée ; la perte de sang est insignifiante.

On maintient au dehors, au moyen d'une pince appropriée, le pédicule qui était très-gros et très-vasculaire.

La plaie est fermée par des sutures en fil ; toute l'opération n'a duré qu'un instant. La malade semble très-bien, le pouls ne dépasse pas 80 pulsa-tions.

Quatre heures après l'opération, la malade s'affaisse, du sang jaillit hors la plaie. Supposant qu'une hémorrhagie se fait par la surface de section du pédicule, on l'étreint dans une nouvelle ligature.

La mort, qui semble imminente dès ce moment, n'a lieu que le lende-main à midi, 22 heures après l'opération.

L'autopsie fait découvrir une grande quantité de sang libre dans l'abdomen ; il provenait d'une portion du pédicule qui, échappant aux mors de la pince, avait glissé dans l'abdomen.

Ceci nous apprendra, ajoute M. Borlase Childs, comment une autre fois il faudra fixer le pédicule, afin d'éviter un accident de ce genre.

Observation de M. Baker Brown ; *adhérences multiples et très-fermes*
(Mémoire de M. Jules Worms).

Femme âgée de 45 ans, mère de trois enfants. Tumeur ovarique depuis cinq ans, qui a été ponctionnée très-souvent dernièrement ; le liquide devenant de plus en plus abondant et épais, M. Brown proposa l'ovariotomie qui fut acceptée. Opération le 25 février 1859, à deux heures du soir.

Incision longue de 5 pouces entre l'ombilic et le pubis ; arrivé avec beaucoup de soin sur le péritoine qui fut ouvert, il s'écoula plusieurs pintes de liquide. Il apparut alors une tumeur ressemblant assez à un chou-fleur, et qu'un examen ultérieur fit reconnaître pour une végétation implantée sur l'ovaire droit. Il n'existait que des adhérences peu solides, que je pus détruire avec la main ; j'attire au dehors toute la masse du kyste. Il tenait par un pédicule très-court ; celui-ci fut embrassé par une ligature bien serrée, puis coupé.

Ceci fait, on put voir une autre tumeur de la grosseur d'une tête d'enfant, dans le côté gauche de l'abdomen. Je m'assurai que c'était une tumeur de l'ovaire gauche. Il y avait là une difficulté inattendue, car en essayant de l'attirer, je trouvai cette tumeur si solidement fixée, que je ne pus la mouvoir. Cette adhérence n'était pas ordinaire, et semblait tenir au feuillet même du fascia pelvien. J'essayai, non sans peine, d'énucléer la tumeur, en l'arrachant par morceaux de ses enveloppes ; j'ouvris ainsi plusieurs kystes remplis de liquides variés. En trois endroits, l'union était si ferme que je dus employer l'écraseur pour diviser les adhérences.

Je parvins enfin à extraire toute la tumeur. J'entourai le pédicule d'une forte lanière et le serrai dans les mors de la pince qui retenait le premier pédicule dans la partie la plus déclive de la plaie. Le pansement fut fait comme dans les opérations précédentes, et la malade portée à son lit.

Depuis ce moment, tout alla pour le mieux ; la pince fut enlevée le septième jour et les ligatures peu de jours après.

Le onzième jour on administra un lavement, et le quinzième la malade put quitter son lit, pour aller se reposer sur un canapé. Aujourd'hui, 16 mars, elle va très-bien et reprend des forces. Toute la plaie, à l'exception du point où passe le pédicule, est guérie.

La malade mange, boit et dort bien ; les garde-robes sont régulières.

Ovariotomie pratiquée à la clinique de la Charité de Berlin par Langenbeck
(J. Worms, Gazette hebdomadaire, 1860).

Femme de 30 ans, menstruée régulièrement depuis l'âge de 13 ans,
pas d'enfants, s'aperçut, il y a 2 ans, qu'une petite tumeur se développait
au-dessus de l'arcade pubienne. Elle éprouvait de fréquentes envies d'uriner, de la constipation, douleurs lombaires ; elle se fatiguait facilement et
maigrissait.

L'abdomen est développé comme au huitième mois de la grossesse ; les
parois abdominales sont minces ; la tumeur se circonscrit exactement ; elle
est partout lisse ; la fluctuation est manifeste dans toute son étendue ; elle
est mobile en haut, en bas et à gauche, un peu moins mobile à droite.

Le toucher ne révèle pas de changement ni dans la position ni dans le
volume de l'utérus. On n'atteint pas la tumeur quand la malade est couchée ; quand elle est debout, on la sent entre le vagin et la vessie. Comme
le kyste s'étendait plutôt vers l'hypochondre gauche, on supposait qu'il
était formé par l'ovaire gauche. L'événement prouva qu'on se trompait.
Aucun traitement chirurgical n'avait été précédemment mis en usage.

On incisa l'abdomen à deux doigts au-dessous de l'ombilic, dans une étendue de 2 pouces sur la ligne blanche. La tumeur apparut ; sa surface était
couverte de gros vaisseaux gorgés de sang. Le kyste fut alors ponctionné et
il s'écoula 1 litre de liquide épais, foncé et huileux ; la poche ne s'affaissant
pas complétement, on s'aperçut qu'il en existait une seconde ; celle-ci fut
ponctionnée à son tour, et il s'en échappa *un liquide séreux.* Dès lors, on
tira facilement tout le kyste hors la plaie.

La direction du pédicule fit voir que la tumeur partait de l'ovaire droit.
Le pédicule fut traversé par deux anses de fil et retenu dans la plaie ; on le
coupa petit à petit ; cinq vaisseaux durent être liés au fur et à mesure que
la section était faite. Cinq points de suture, qui n'intéressaient point le péritoine, réunirent les bords de la plaie abdominale. Deux d'entre elles traversaient le pédicule.

La malade fut enveloppée dans des draps mouillés, et ne se réveilla qu'un
quart d'heure après la fin de l'opération ; elle accusa des douleurs dans la
plaie ; celles-ci cessèrent cinq heures après.

A huit heures du soir, le pouls était lent et mou. On fit prendre 5 centigr.
de morphine. La malade s'endormit, puis se réveilla à deux heures et demie de la nuit, se plaignant de douleurs brûlantes dans l'abdomen et d'un
grand malaise ; il survint alors des vomissements, le facies était grippé, le
pouls à 90 plus dur ; le ventre très-sensible à la pression la plus légère.
Saignée de 8 onces, suivie d'une syncope.

A cinq heures et demie du matin, nouvelles douleurs, retour des vomissements. Le ventre s'éleva, mais son développement fut empêché au centre

par le pédicule retenu dans la plaie. On détacha les fils qui l'assujétis-
saient ; le ventre s'éleva graduellement ; il s'écoula un peu de sérosité sanguinolente par la plaie. La péritonite fit de progrès très-rapides, il y eut de
nouveaux vomissements, un refroidissement considérable et la mort survint
48 heures après l'opération.

A l'autopsie on constata une péritonite étendue, les anses intestinales
étaient agglutinées les unes aux autres, la surface de section du pédicule
était recouverte d'un peu de sang coagulé, l'ovaire gauche était un peu
plus volumineux qu'à l'état normal.

La tumeur enlevée présentait de grandes cavités séparées entre elles par
des cloisons fibreuses. A la surface interne existaient quelques petits kystes
endogènes.

Observation de Spencer Wells. — *Kyste ovarique multiloculaire : sept ponctions, deux injections iodées; — ovariotomie ; — guérison.* (Mémoire de
M. J. Worms.)

Emma Bonner, non mariée, agée de vingt-neuf ans, entra à *Samaritan
hospital* le 9 février 1858, et fut placée dans mon service (M. Wells). Elle
avait été servante et s'était bien portée jusqu'à l'âge de vingt-deux ans ;
à cette époque elle éprouva une douleur qui du flanc gauche s'étendait
jusqu'à l'aine ; elle ne s'aperçut de l'existence d'une tumeur que cinq ans
plus tard. Celle-ci s'accrut considérablement dans l'espace d'une année,
et il y a deux ans elle entra à l'hôpital Saint-Guy, où elle fut ponctionnée
par feu le docteur Lever. Elle y rentra au bout de six mois, et fut ponctionnée une deuxième fois, puis une troisième. Treize semaines plus tard,
elle fut encore ponctionnée à Lambeth par M. Buller ; elle le fut quatre
fois dans l'espace de deux mois. Il s'écoula en moyenne, chaque fois,
13 litres de liquide. Deux fois on y injecta de la teinture d'iode ; mais loin
de diminuer de volume, le kyste semble s'emplir plus rapidement.

Quand cette malheureuse femme entra à *Samaritan hospital*, il était
évident que son existence était grandement compromise par réaccumulation
si rapide du liquide ; mais comme sa constitution offrait encore à ce moment une certaine résistance, et qu'elle voulait à tout risque être délivrée
d'un mal qui rendait sa vie insupportable, je me décidai, après avoir consulté mes collègues de l'hôpital, à tenter l'extirpation de la tumeur. L'opération fut faite le 19 février 1859.

Je pratiquai sur la ligne blanche une incision de 3 pouces, en commençant à 1 pouce au-dessous de l'ombilic ; je mis à nu le kyste qui adhérait
aux parois abdominales. Après avoir rompu plusieurs de ces adhérences,
je vidai la poche en la ponctionnant. Je pus alors sentir d'autres poches
plus petites, et me convaincre que les adhérences avec les parties voisines
étaient des deux côtés très-solides et très-étendues.

A ce moment on se demanda, parmi les assistants, si l'on devait conti-

nuer l'opération; je pensai qu'il serait plus dangereux de m'arrêter que
d'aller plus loin, et je rompis les adhérences en passant les mains entre la
tumeur et les parois du ventre. M. Baker Brown, qui était présent à l'opération, m'assista de son aide.

Une adhérence légère existait à la partie supérieure entre le kyste et
l'épiploon; je pus la détacher avec la main. Le pédicule de la tumeur était
à gauche et large de trois doigts. Je le perçai en deux endroits et le liai
en trois portions avec une corde de boyau. Il était tellement court, qu'on
ne put le fixer dans la plaie. L'ovaire droit fut examiné et trouvé normal.

Les ligatures du pédicule furent placées dans l'angle inférieur de la plaie
et fixées à la peau avec la toile agglutinative. Les bords de la plaie furent
exactement rapprochés, réunis par des sutures en soie, les unes superficielles, les autres profondes; une large bande de flanelle enveloppa l'abdomen.

L'anesthésie par le chloroforme avait duré quarante minutes; la malade
eut des nausées les jours suivants; mais elle n'eut pas de symptômes de
péritonite réelle, elle n'eut qu'un peu de flatulence; le pouls rapide et
faible, pendant quelques jours, se releva plus tard. Depuis le premier
jour on administra largement le vin et l'opium.

Il n'y eut d'écoulement séropurulent par la plaie qu'à la partie inférieure
où passaient les ligatures du pédicule; deux ou trois fois il y eut un peu de
douleur et de fièvre par suite de la rétention de cette matière, quand l'ouverture se bouchait; en nettoyant la plaie et en rétablissant l'écoulement,
je procurai un soulagement immédiat. Il n'y eut de garde-robe que le
dixième jour. La plaie guérit par première intention, excepté au point où
passaient les ligatures du pédicule. Celles-ci tombèrent le douzième jour.
À partir de ce moment, la malade se remit promptement.

Elle resta pendant quelque temps comme infirmière à l'hôpital; l'au-
tomne suivant elle se plaça comme servante dans une maison où elle resta
jusqu'au commencement de la présente année, en faisant un travail très-
dur. Elle quitta ce service pour émigrer en Australie.

Le 25 janvier 1859, au moment de son embarquement, M. le docteur
West voulut bien examiner cette femme pour moi, et m'écrivit ce qui suit :
« Comme votre opérée avait à ce moment ses règles, je n'ai pu procéder
à l'examen vaginal; mais en tout cas, je n'ai pu sentir aucune trace de
tumeur derrière les parois de l'abdomen; c'est évidemment un succès
complet. »

Le kyste, en comptant son contenu, pesait 26 livres. Ce contenu était le
liquide visqueux ordinaire renfermant quelques cellules granulées. La poche
principale formait la partie supérieure de la tumeur. La partie inférieure
était formée par un certain nombre de petits kystes remplissant la cavité
pelvienne. Quoiqu'au premier abord quelques-unes de ces petites poches
aient pu paraître indépendantes du kyste principal, on se convainquit, par

un examen attentif, qu'elles étaient reliées à lui par une membrane d'enveloppe commune.

Observation de M. Clay (de Manchester). — *Kyste multiloculaire.* — *Ovariotomie.* — *Guérison.* (Resultats of ovariotomy by Ch. Clay. Manchester, 1848, p. 19.)

Le 2 novembre 1842, M. Clay est consulté par la nommée Edge, de Thornet (Derbyshire), qu'on lui amène en voiture. L'abdomen est tellement développé que l'ombilic touche les genoux, et cette femme ne peut se tenir debout qu'avec la plus grande difficulté.

Elle a trente-neuf ans ; elle est très-amaigrie et très-faible ; elle a eu trois enfants et s'est bien portée dans sa jeunesse. Il y a sept ans, après la naissance de son deuxième enfant, elle a senti dans le ventre une tumeur dont elle ne s'est pas préoccupée ; mais depuis un troisième accouchement, qui eut lieu quatre ans plus tard, le ventre a toujours augmenté de volume. Depuis trois mois on a dû pratiquer quatre fois la ponction ; chaque fois il s'est écoulé une grande quantité de liquide.

Actuellement la distention du ventre est telle, que la ponction devient indispensable dès le lendemain. Il s'écoule 30 litres de liquide foncé ; on sent alors une autre poche que l'on ponctionne en réintroduisant le trocart dans la canule laissée dans l'abdomen, et appliquée contre cette deuxième tumeur ; il s'en est écoulé 30 litres d'un liquide plus clair. A part ces deux grands kystes, il en existe deux autres plus petits : l'un dans la fosse iliaque droite, et l'autre au-dessus du pubis.

Cette femme étant venue demander un soulagement à M. Clay, celui-ci lui expose, ainsi qu'à ses parents, les avantages et les dangers de l'extirpation, la seule ressource possible ; cette opération est acceptée.

Le 8 novembre 1842, M. Clay l'exécute en présence de MM. Radford, Hursau, etc.

On procéda de la façon accoutumée ; il existait des adhérences très-nombreuses, et en quelques points très-solides, avec les organes voisins. On put les en séparer, et l'on finit par extraire une tumeur composée de deux grandes cavités, de deux plus petites, de matière solide dans les parois. Le tout ensemble, poche, tumeur solide et liquide, pesait 73 livres anglaises.

Aucun accident particulier ne survint ; on prescrivit de l'opium pendant quelques jours ; le douzième, cette femme se leva pour la première fois, quitta Manchester cinq semaines après l'opération, et se portait à merveille six ans plus tard quand M. Clay publia son histoire.

Observation de M. Demarquay. — *Kyste multiloculaire.* — *Ovariotomie.* — *Mort le troisième jour.* (Gazette hebd., 1862, p. 88.)

Il s'agit d'une jeune fille de dix-neuf ans, d'une bonne constitution, qui s'aperçut pour la première fois, au mois de mai 1860, d'une tuméfaction occupant le flanc gauche. En moins d'un an cette tumeur acquit un volume extraordinaire, et, dans le courant de 1861, trois ponctions pratiquées dans la même séance, par M. Demarquay, firent reconnaître un kyste ovarique multiloculaire, et donnèrent immédiatement lieu à une amélioration qui fut de courte durée.

La malade rentra à la maison municipale de santé dans le courant du mois de janvier dernier. Le ventre était énorme et mesurait 1^m,6 de circonférence. La menstruation était supprimée. Les fonctions respiratoires et nutritives s'accomplissaient difficilement. La santé générale était profondément altérée. M. Demarquay jugeant que, dans ces conditions, la paracentèse ne pourrait fournir que des résultats insuffisants et purement palliatifs, après avoir pris conseil de ses collègues de la maison de santé, propose à la malade l'ablation du kyste. Elle y consent. Afin d'entourer l'opération de toutes les chances de succès, la malade est placée dans les conditions hygiéniques les plus favorables, dans une maison de campagne voisine de Saint-Germain-en-Laye.

L'opération fut pratiquée le dimanche 2 février 1862 en présence de MM. Trousseau, Nelaton, Cazalis, Bourdon, Lepied et les internes de la maison de santé. M. Demarquay se conforma entièrement au manuel opératoire décrit par les chirurgiens anglais les plus accoutumés à pratiquer l'ovariotomie : incision de la paroi abdominale ; fixation du kyste à l'aide d'une pince érigne ; trois ponctions successives pratiquées à l'aide d'un gros trocart, dont la canule était terminée par un tube de caoutchouc destiné à prévenir l'épanchement du liquide dans la cavité péritonéale.

La tumeur étant suffisamment diminuée de volume, fût, mais après des efforts réitérés avec les plus grands ménagements, attirée hors de la cavité abdominale. — Le pédicule fut saisi et serré à l'aide d'une pince spéciale, qu'on laissa à demeure. Après des points de suture furent placés sur l'incision au-dessus et au-dessous de la pince.

L'opération dura 20 minutes. La malade, soumise à l'anesthésie chloroformique, assura n'avoir éprouvé aucune douleur.

Tout présenta le premier jour l'aspect le plus satisfaisant. Vers la fin de la soirée accélération du pouls (100). Le lendemain matin, état excellent. Dans le milieu de la journée, deux vomissements de mucosités et de boissons ; d'ailleurs, aucun symptôme de péritonite ; à la fin du même jour tout allait à merveille.

Au moment des vomissements, la pince qui tenait le pédicule se détacha, et cet accident fut suivi de l'écoulement d'une petite quantité de sérosité.

Le trosième jour, la plaie se ferme, et, le soir, des symptômes de péritonite grave éclatent et entraînent la malade au bout de 12 heures.

La tumeur pesait 20 kilogrammes ; elle était composée d'un grand nombre de poches liquides et d'une masse composée elle-même par une agglomération de kystes très-petits, désignés par M. Cruveilhier sous le nom de *kystes alvéolaires.*

A l'autopsie, péritonite générale, serosité sanguinolente dans la cavité du péritoine.

M. Demarquay estime que le pédicule du kyste n'a pas été suffisamment serré ; tant que le pédicule est resté comprimé, tout s'est passé fort bien ; mais, sitôt que l'instrument est tombé, la plaie abdominale s'est refermée, et il en est résulté un épanchement séro-sanguinolent dans le péritoine, qui a amené une péritonite mortelle.

Observation de M. Boinet ; ovariotomie ; kyste uniloculaire de l'ovaire droit avec tumeur de la grosseur d'un œuf d'oie dans les parois du kyste ; cinq ponctions et cinq injections iodées pratiquées sans succès ; ovariotomie ; guérison radicale (Observation recueillie par M. Perret, interne de l'Hôtel-Dieu).

38 ans. — Tempérament nerveux ; constitution primitivement bonne, mais aujourd'hui affaiblie par la maladie. Cette dame ressentit, il y a 3 ans, de vives douleurs dans le flanc droit qui durèrent huit jours et ne laissèrent aucune trace. Il y a environ 16 mois, vers le mois de mai 1861, qu'elle remarqua que son ventre grossissait, ce qu'elle attribua à de l'embonpoint ; sa santé étant très-bonne sous tous les rapports. Son ventre devenant de plus en plus gros, elle consulta un médecin qui lui dit qu'elle était enceinte, bien que ses règles n'eussent pas cessé de paraître régulièrement. Lorsqu'elle crut avoir dépassé le terme de sa grossesse, elle s'adressa à un autre médecin, M. le docteur Delaunay, qui reconnut un kyste de l'ovaire. M. Boinet, appelé en consultation, confirma ce diagnostic et conseilla les ponctions et les injections iodées. La première ponction et la première injection furent faites le 16 janvier 1862. 18 litres d'un liquide clair, citrin et légèrement filant, furent évacués, et une injection iodée (60 gram. d'eau, 60 gram. de teinture d'iode et 2 gram. d'iodure de potassium) fut pratiquée et laissée pendant 8 minutes dans le kyste. — Aucun signe de douleur pendant l'opération, ni la moindre réaction après.

Au bout de 3 jours la malade reprenait ses occupations ; sa santé était excellente et toutes ses fonctions s'accomplissaient bien. Mais bientôt le liquide se reproduisit peu à peu et M. Boinet fut appelé pour pratiquer une deuxième ponction et une seconde injection le 12 mai. Au moment de cette deuxième opération, la malade ressentait depuis une douzaine de jours des douleurs très-vives dans le flanc droit. Cette deuxième ponction donna 16 litres de liquide de même nature que le premier et l'injection qui séjourna 8 minutes dans le kyste ne produisit ni douleur ni réaction. Comme la première fois, la malade reprit ses occupations, mais le liquide se reforma avec une rapidité telle que, le 7 juin 1862, il fallut recourir à une nouvelle ponction et à une nouvelle injection. Le tout se passa comme la première fois, et le liquide, dont la quantité était de 12 litres, n'avait été nullement modifié.

Le 30 juin, quatrième ponction et quatrième injection; 11 litres de liquide, séjour de l'injection pendant 8 minutes; déjà la santé générale était moins bonne, la constitution commençait à s'affaiblir, il y avait moins d'embonpoint, et M. Boinet craignait, à cause de la nature du liquide qui était filant et onctueux, que les injections iodées restassent sans efficacité. Le kyste s'étant rempli, ce chirurgien proposa une cinquième et dernière injection, déclarant que si elle ne réussissait pas il faudrait recourir à l'ovariotomie.

Le 25 juillet 1862, nouvelle ponction, nouvelle injection iodée qui reste dans le kyste pendant 14 minutes sans déterminer la moindre douleur ni la moindre réaction. On avait retiré 12 litres de liquide, toujours le même.

L'impuissance des injections iodées étant bien démontrée dans ce cas, la constitution s'affaiblissant de plus en plus, la santé générale devenant plus mauvaise, la malade n'hésita pas à accepter l'ovariotomie qui lui avait été proposée par M. Boinet; prévenue d'ailleurs que cette opération, dont on lui avait fait connaître la gravité, était le seul moyen de la guérir.

Voulant se mettre en garde contre toutes les mauvaises chances hygiéniques, M. Boinet demanda et obtint la permission d'opérer cette malade dans la maison de l'Avenue de Meudon, louée par l'administration des hôpitaux, pour la pratique des grandes opérations.

Le lundi, 15 septembre 1862, à 10 heures du matin, après 4 jours d'acclimatement dans cette nouvelle résidence, l'opération fut pratiquée de la manière suivante :

D'abord, pour éviter le moindre mouvement à la malade pendant les quatre ou cinq premiers jours qui suivraient l'opération, on avait pris la précaution de provoquer les gardes-robes par un lavement émollient; on fit uriner la malade immédiatement avant l'opération. La température de la chambre où l'opération devait être faite avait été élevée à 24 ou 25 degrés. De l'eau de guimauve chaude, des morceaux de flanelle chaude avaient été préparés, et la malade était enveloppée dans un peignoir de flanelle, ses membres inférieurs étaient entourés également de flanelle sèche, de telle sorte qu'il ne restait à découvert que la partie antérieure du ventre sur laquelle on devait porter l'instrument. La malade est à jeun, couchée sur un lit de camp placé à côté de celui qu'elle doit occuper après l'opération.

Tous les aides étant disposés, la malade fut soumise au chloroforme, qui ne produisit l'insensibilité que très-difficilement et après une syncope qui ne laissa pas que de donner une certaine inquiétude. Alors M. Boinet fit sur la ligne blanche une incision à 3 centimètres de l'ombilic et lui donna une longueur de 9 à 10 centimètres, procédant lentement et coupant couche par couche les muscles et l'aponévrose, ayant soin de délier toutes les artérioles qui donnent du sang, avant d'ouvrir le péritoine. Tout écoulement de sang ayant complétement cessé, il pince le péritoine avec une pince à griffe, le soulève légèrement et fait avec le bistouri une petite ouverture, par laquelle il glisse une sonde cannelée, et qui lui sert à inciser le péritoine en haut et en bas dans toute l'étendue de l'incision faite aux parois de l'abdomen. Le kyste apparaît aussitôt entre les lèvres de la plaie et ferme complétement l'ouverture abdominale. Il est d'ailleurs légèrement poussé en avant par les mains des aides qui sont appliquées de chaque côté du ventre, et qui ont pour mission de soutenir le kyste et de le faire saillir entre les lèvres de la plaie. Le kyste est alors ponctionné avec un gros trocart muni d'un long tube en caoutchouc, qui conduit le liquide dans un bassin placé auprès du lit de la malade. Le trocart, dont la forme a besoin d'être modifiée, laisse tout d'abord écouler une petite quantité de liquide, qui sort entre l'ouverture faite au kyste et la canule du trocart avant que la manœuvre, pour dégager le trocart de sa canule et permettre la sortie du liquide, soit exécutée. Pendant que le kyste se vide et avant qu'il soit complétement revenu sur lui-même, M. Boinet le saisit avec deux érignes et l'attire sur la canule, à laquelle il l'attache fortement avec un fil de cire, pour éviter que le kyste, en se vidant et en se rétractant, ne puisse abandonner la canule, s'échapper dans le ventre et donner lieu à un écoulement dans la cavité péritonéale d'une partie de son contenu.

La poche kystique étant vidée ou à peu près, est saisie avec des pinces plates et attirée doucement au dehors, tantôt avec les mains, tantôt avec des pinces à mors plats. L'extraction se fait d'abord assez facilement, mais ensuite on éprouve une résistance assez grande due à une tumeur située dans l'épaisseur des parois du kyste, mais qui cède à des tractions faites lentement et d'une manière soutenue. Les doigts introduits sur les côtés du kyste avant sa ponction n'avaient signalé aucune adhérence; aussi n'en rencontre-t-on qu'une seule assez faible, une espèce de ligament ou bride longue et mince, qui paraît très-vasculaire et se rompt facilement. Cette adhérence était placée sur le côté droit du kyste ; elle est liée par mesure de précaution et pour éviter un écoulement de sang, qui, peut-être, n'aurait pas eu lieu, puis elle est coupée entre la ligature et le kyste. Le kyste paraissant extrait en totalité et ne plus adhérer dans la cavité abdominale que par son pédicule, des flanelles chaudes et imbibées d'eau de guimauve, mais dont on a pris le soin d'exprimer tout le liquide, sont placées autour du pédicule du kyste et sur l'ouverture abdominale, dont les bords sont toujours maintenus rapprochés par des aides et en contact avec le pédicule, de manière à ne laisser pénétrer dans la cavité péritonéale ni air ni liquide.

Toutes ces précautions étant prises, M. Boinet cherche à reconnaître la position du pédicule, sa forme, sa longueur et s'il n'existe pas un autre kyste ovarique ; si d'autres organes, les intestins, l'utérus, ne peuvent pas être saisis par le clamp, qu'il place sur le pédicule après s'être bien assuré qu'il est parfaitement isolé. Le pédicule a une largeur de trois doigts au moins ; il est d'une longueur modérée et renferme de grosses artères qu'on sent battre sous les doigts. Le clamp dont se sert M. Boinet ne ressemble en aucune façon au clamp des Anglais ; c'est un instrument particulier, très-simple et très-commode qu'il a fait construire par M. Charrière. Pour bien saisir le pédicule et rien que le pédicule avec le clamp, le kyste, soutenu au-dessus du ventre par des aides, est soulevé et tiré doucement au dehors de l'abdomen, tandis qu'on déprime légèrement la paroi abdominale au niveau de l'incision pour dégager le pédicule le plus possible et appliquer le clamp plus sûrement. Celui-ci, une fois appliqué, et étant serré autant qu'il est possible, de nouvelles flanelles chaudes et humides sont placées au-dessous du clamp, afin d'empêcher le refroidissement du péritoine et la chute dans l'abdomen d'une certaine quantité de liquide qui reste dans le kyste ; ensuite toute la partie du kyste placée au-dessus du clamp est coupée avec des ciseaux à environ 2 centimètres de l'instrument. Pendant cette partie de l'opération, il s'écoule encore une certaine quantité de liquide ovarique qui n'était pas sorti par la canule du trocart et qui est reçu par des flanelles placées au-dessous du clamp et tombe dans le lit en coulant le long des parois abdominales, à droite et à gauche.

La présence du clamp étant une cause de gêne assez grande pour suturer la plaie et la réunir d'une manière exacte ; d'un autre côté son séjour sur le ventre pendant plusieurs jours, une semaine et quelquefois plus, étant un obstacle pour les pansements et un embarras pour les malades, M. Boinet avait résolu de ne s'en servir que pour maintenir le pédicule du kyste hors de l'abdomen et faire plus sûrement et plus facilement la ligature du pédicule. En effet, le pédicule étant fixé par le clamp hors de l'abdomen, il passe sur la partie moyenne du pédicule deux fortes ligatures en soie au-dessous du clamp et lie fortement chacune des deux moitiés du pédicule, puis étrangle tout le pédicule avec une autre ligature placée immédiatement au-dessous des deux premières. Ces ligatures posées, on coupe au niveau du clamp tout ce qui reste du kyste et du pédicule, et on l'enlève pour procéder à la suture de la plaie, le pédicule étant maintenu dans l'angle inférieur de la plaie et entre les lèvres par un aide qui tire doucement sur les ligatures réunies ensembles.

On procède ensuite à la réunion de la plaie par une suture entortillée faite de la manière suivante : M. Boinet place trois fortes épingles à égale distance les unes des autres, en les faisant pénétrer obliquement à 1 centimètre environ des bords de la plaie extérieure et en les faisant ressortir du côté de la cavité abdominale, ayant bien soin de comprendre le péritoine dans cette suture et de le traverser à un quart de centimètre environ de son bord incisé. De plus, l'épingle inférieure passe à travers le pédicule qu'un aide maintient au niveau de la plaie ; de telle sorte que le pédicule

s'est trouvé compris dans la suture et est resté fixé dans la partie inférieure
de la plaie. Un fil très-fort a été ensuite passé autour de chacune des épingles et a rapproché fortement les lèvres de la plaie, dont chacun des an-
gles a été réuni par un fil métallique qui ne comprenait dans son anse
que les parties superficielles de la paroi abdominale. Une bandelette de
diachylon est glissée sous les épingles, dont les pointes ne sont pas cou-
pées dans la crainte qu'en les retirant, elles n'irritent et n'éraillent le péritoine. Les fils des ligatures sont placés dans une autre bandelette de
diachylon, et toute la plaie est recouverte d'une couche épaisse de collo-
diom réciné. Un large cataplasme très-chaud, arrosé de laudanum, est
mis sur le ventre et recouvert lui-même de flanelles chaudes et humides.
La malade, enveloppée d'un ample peignoir de flanelle, est ensuite reportée
dans son lit préalablement bassiné ; les jambes sont enveloppées de flanelles
bien chaudes, et des vases de fer blanc pleins d'eau chaude sont placés
aux pieds et le long des jambes de l'opérée. La chambre est maintenue
à une température de 22 à 23 degrés.

L'opération avait duré trois-quarts d'heure environ ; mais au commencement il y avait eu du temps perdu à cause de la difficulté de l'anesthésie
et des accidents de syncope et des vomissements qui étaient survenus.
L'anesthésie n'a pas été continuée toute la durée de l'opération ; la malade
s'est réveillée au moment de l'extraction du kyste et a supporté la fin de
l'opération avec beaucoup de courage.

Quelques cuillerées de vin de Xérès sont données à la malade, et, dans
la journée, elle prend plusieurs bouillons ; pour boisson, de l'eau sucrée
avec un peu de citron et d'eau de fleurs d'oranger. Toutes les heures, une
pilule d'extrait thébaïque d'un centigramme. Cathétérisme toutes les quatre
heures. Dans la soirée, il y a un peu d'agacement nerveux, mais pas de
douleur dans le ventre, pas de nausées. Le pouls est large et ne dépasse
pas 90 pulsations ; la peau est halitueuse. Quelques heures de sommeil dans
la nuit.

Le mardi 5 septembre, à cinq heures du matin, vomissements de matière
verdâtre (environ un plein crachoir d'hôpital), qui se répètent à six heures
du matin, mais survenus sans effort, sans malaise. La figure est bonne, le
ventre est souple, non douloureux, le pouls est toujours large, à 90 pulsations, et rien dans l'état général n'indique le moindre signe de péritonite.
On continue l'extrait thébaïque à la dose d'un centigramme toutes les deux
heures, des boissons glacées, quelques morceaux de glace de temps en
temps et deux bouillons dans la journée. Cathétérisme toutes les quatre
heures, cataplasmes sans laudanum sur le ventre, flanelles chaudes et humides, température de l'appartement toujours à 22 degrés.

Le mercredi 17, la peau est chaude, en moiteur. A son réveil, la malade
éprouve un léger malaise, comme des envies de vomir ; elle n'accuse de
douleur nulle part ; le ventre est souple, déprimé, non douloureux à la

pression; le pouls est large, de 90 à 96 pulsations. Dans la journée, elle ressent un sentiment de bien-être général. Potages, vin de Bordeaux, pilules d'extrait thébaïque, collodion, cataplasmes, flanelles chaudes et humides, cathétérisme.

Le jeudi 18, nuit bonne, sommeil. Toujours un peu de malaise au réveil; état général excellent d'ailleurs; point de douleur dans le ventre. L'épingle supérieure est retirée, après avoir pris soin de nettoyer la pointe avec de l'éther pour enlever le collodion. Badigeonnage avec le collodion, cataplasmes, suppression des flanelles humides.

Le vendredi 19, la deuxième épingle placée au milieu de la plaie est retirée avec les mêmes précautions que la précédente. On cesse les pilules d'extrait thébaïque, et une pilule de sulfate de quinine est administrée le soir pour prévenir le retour périodique du malaise qui revient chaque matin.

Le samedi 20 septembre, apparition des règles, que la malade avait eues le 6 septembre. La troisième épingle, celle qui traversait le pédicule, est retirée. La plaie est nettoyée avec de l'éther; toute la partie de la plaie placée au-dessus du pédicule est réunie, et, pour empêcher l'écartement des bords de cette plaie, une bandelette de diachylon fixée avec du collodion est placée en travers; toute la plaie est ensuite recouverte de collodion, qui sert en même temps à fixer les fils des ligatures.

Le dimanche 21, pouls à 92, peau normale, fraîche; café au lait, potages, côtelette, œuf à la coque, bouillon, bordeaux. Un lavement avec 30 grammes de miel de mercuriale, qui provoque quatre selles dans la soirée.

La malade urine sans être sondée.

Le jeudi 25, état général qui ne laisse rien à désirer; toutes les fonctions s'accomplissent très-bien; l'aspect de la plaie est très-satisfaisant, seulement les fils fixés à la paroi abdominale par le collodion sont entraînés par le pédicule, qui se rétracte de plus en plus, ont pénétré dans les bords de la plaie à une profondeur de près d'un centimètre. Pour éviter à l'avenir ce petit inconvénient, leur extrémité libre n'est plus fixée à la paroi abdominale. Même régime, même pansement.

Le 29, M. Boinet retire trois fils. Les ligatures qui lient le pédicule en masse ne cèdent pas à une traction modérée; la plaie se rétrécit de jour en jour.

Le 1er octobre, apparition des règles qui sont à leur époque; elles durent cinq jours et vont comme d'habitude. Deux des fils qui lient le pédicule sont retirés le 5 octobre, vingt jours après l'opération. La malade va bien et se lève depuis deux jours quelques heures dans la journée.

Depuis le 3 octobre jusqu'au 20, la malade n'a cessé de se lever tous les jours, de se promener au jardin; toutes les fonctions sont normales, et jamais la santé n'a été meilleure. Le dernier fil du pédicule est tombé seul le

17 octobre, et a été retrouvé dans les pièces du pansement. La plaie est presque complétement cicatrisée. Le ventre est souple, non douloureux à la pression, et tout indique une guérison radicale.

Description de la tumeur enlevée. — C'est une poche unilobaire à parois d'un demi à un centimètre, parsemées de plaques dures offrant à l'incision un aspect fibreux lardacé. Sa surface externe est blanchâtre, parfaitement lisse, ne présentant qu'une petite bride adhérente au péritoine, comme nous l'avons dit en décrivant l'opération. Il n'existe aucune trace des cinq ponctions qui ont été faites, et ces ponctions n'ont amené aucune adhérence entre le kyste et la paroi de l'abdomen. La surface interne est ridée, ressemblant assez à la muqueuse de l'estomac. On voit, non loin du pédicule, à la base du kyste, une masse molle, fongueuse, de la grosseur d'un œuf d'oie. Examinée au microscope, on croit y constater de nombreux éléments fibro-plastiques, des noyaux embryo-plastiques et une petite quantité d'épithélium cylindrique. Cette poche pèse 540 grammes ; elle contenait 7 litres d'un liquide légèrement verdâtre, opaque, non filant, donnant un poids de 7 kilogrammes environ ; le poids total de la poche et du liquide est d'environ 7 kilogrammes et demi.

Observation de M. Kœberle. — *Ovariotomie.* — *Opération le 2 juin* 1862.— *Guérison complète le* 25 *juin.*

Obs. — Madame W..., âgée de vingt-six ans, brune, bien constituée, mariée depuis deux ans, s'est aperçu pour la première fois, il y a un an et demi, de la présence d'une tumeur mobile dans le bas-ventre. Cette tumeur était formée par un kyste multiloculaire de l'ovaire gauche, avec prédominance d'une grande cavité pleine de liquide fluctuant. Elle grossit peu à peu malgré toutes sortes de remèdes, et finit par envahir toute l'étendue de l'abdomen, en repoussant fortement en avant le rebord des hypochondres. De fortes arborisations veineuses sillonnaient le ventre, qui mesurait 106 centimètres de circonférence. La malade étant parvenue à un degré déjà considérable d'affaiblissement et d'amaigrissement, voulut à tout prix être débarrassée de sa tumeur. Je lui exposai les avantages et les inconvénients de la ponction et de l'extirpation. Elle se décida résolûment pour l'extirpation, qui me paraissait pouvoir être pratiquée dans de bonnes conditions. Encouragé par les conseils bienveillants de M. le professeur Schützenberger, mon cher et honoré maître, partisan déclaré de l'ovariotomie, qui a bien voulu me prêter l'appui de sa grande autorité, et par mon cher et savant collègue M. Aubenas, j'ai pratiqué l'extirpation de l'ovaire, le 2 juin, avec le concours et l'assistance de M. le professeur Schützenberger et de MM. les agrégés Aubenas, Hecht et Herrgott. M. Elser, notre habile fabricant d'instruments de chirurgie, a bien voulu se charger de la chloroformisation qu'il pratique depuis bien longtemps avec une remarquable supériorité.

L'abdomen ayant été incisé sur la ligne médiane dans une étendue de 9 centimètres, à égale distance du pubis et de l'ombilic, la tumeur fut ponctionnée avec un gros trocart et attirée au dehors avec des pinces de Museux, au fur et à mesure qu'elle se vidait. Une certaine portion du grand kyste put être extraite assez facilement, ainsi qu'une masse lobulée multiloculaire de la tumeur. J'amenai ensuite au dehors le grand épiploon fortement adhérent, dans une étendue de 24 centimètres. Après avoir coupé les adhérences au ras de la tumeur, j'ai laissé, sans m'en inquiéter, l'épiploon dans l'angle supérieur de la plaie. Mais bientôt il me fut impossible d'attirer davantage ce kyste ; m'étant assuré avec le doigt que l'obstacle provenait d'un épaississement considérable de la tumeur de kystes multiloculaires que je ponctionnais en vain, j'agrandis l'incision de 3 centimètres, ce qui me permit d'extraire toute la tumeur. Mais sans que les tractions aient été considérables, la masse lobulée extraite en dernier lieu s'était rompue transversalement dans une étendue de 14 centimètres, et il s'en était écoulé une matière albumineuse très-épaisse. Cette matière s'était répandue dans l'excavation pelvienne, où elle s'était mélangée avec une grande quantité de sérosité péritonéale sanguinolente, mêlée de caillots provenant de la rupture des adhérences du kyste dans l'excavation pelvienne. En même temps que le kyste fut extrait, plusieurs anses d'intestin grêle s'échappèrent au dehors, où je les maintins dans l'angle supérieur de la plaie. Le pédicule fut étreint dans une ligature et coupé ensuite très-près de la tumeur. Je m'occupai tout aussitôt de déterger et d'éponger exactement l'excavation pelvienne, en observant avec soin s'il ne s'opérait plus d'hémorrhagie dans la profondeur. Rassuré sur ce point, j'ai réintégré l'intestin et l'épiploon dans l'abdomen, après les avoir nettoyés convenablement et avoir placé deux ligatures sur des veines épiploïques. Le pédicule fut ensuite très-fortement étreint dans un écraseur semi-lunaire et attiré dans l'angle inférieur de la plaie. La partie supérieure de la plaie fut réunie par quatre points de suture entortillée. L'opération a duré trois quarts d'heure. Il s'était écoulé 12 litres de liquide brunâtre du grand kyste, dont les parois avaient de 1 millimètre et demi à 3 millimètres d'épaisseur. La masse solide de la tumeur pesait 1 kilogramme et demi.

Deux vessies pleines de glace, reposant sur un drap plié en plusieurs doubles, ont été maintenues en permanence sur l'incision pendant onze jours.

A la suite de l'opération survinrent des vomissements, qui se répétèrent à de fréquents intervalles pendant treize heures. Pendant les huit premiers jours, l'opérée a pris chaque jour environ 10 centigr. d'acétate de morphine ; elle a été maintenue à la diète les trois premiers jours, puis la nourriture est devenue de plus en plus substantielle.

La plaie a été nettoyée trois fois par jour les huit premiers jours, pour la débarrasser de la sérosité et du pus qui en suintait, et qui tendait à se décomposer rapidement, sous l'influence de la température élevée et malgré la glace. Dès le deuxième jour, le pédicule commença à se putréfier. Pour obvier à la décomposition, je l'induisis de perchlorure de fer qui arrêta net la putréfaction, et il se dessécha du jour au lendemain.

La suppuration s'établit dès la fin du troisième jour, et je donnai issue à une petite collection purulente, mêlée à des bulles de gaz, qui tendaient à se former sur le trajet des fils des ligatures. Le pédicule a été maintenu entre les mors de l'écraseur jusqu'au sixième jour. L'écraseur a été remplacé par deux morceaux de sonde liés à leurs deux extrémités et rendus rigides, qui restèrent en place jusqu'à la chute de la partie mortifiée du pédicule au treizième.

Dès le quatorzième jour, il survint peu à peu une tympanite intestinale considérable, en raison d'une constipation opiniâtre, qui ne céda complétement que vers le seizième jour. La tympanite a été dans cette opération une complication très-grave, et les précautions que j'avais prises pour le maintien du pédicule et des lèvres de la plaie me furent très-utiles.

Les épingles de suture ont été enlevées du cinquième au septième jour, mais je les ai remplacées aussitôt par des fils attachés à la paroi abdominale avec du collodion, et que j'ai pu serrer à volonté au moyen d'un nœud.

J'ai pu ainsi m'opposer facilement à l'écartement que les lèvres de la plaie tendaient à subir sous l'influence de la distention abdominale, mais il fallut trouver un moyen pour s'opposer à la traction considérable exercée sur le pédicule qui tendait à rentrer. J'y réussis pleinement au moyen d'un bourrelet de linge tortillé et disposé sous forme d'un anneau tout autour du pédicule, et qui a eu de plus l'avantage de concentrer la suppuration vers ce dernier, autour duquel il n'existait aucune pression. Un bandage de corps assez serré maintenait tout en place au moyen de liens disposés convenablement. Ce pansement a été continué jusqu'au dix-huitième jour.

Une collection purulente, dont le point de départ paraît avoir été la dernière épingle de suture, s'ouvrit spontanément sous l'influence de l'action du bourrelet circulaire et du décubitus latéral à l'extrémité inférieure de la plaie.

Le pouls marquait 95 pulsations le premier jour ; à la fin du deuxième, il marquait 82 ; à la fin du troisième, 86 ; et le sixième jour, 128. Après le huitième jour, le pouls n'a plus guère dépassé 95 pulsations, et, à partir du dix-neuvième jour (20 juin) il n'indiquait que 82 à 85 pulsations. L'opérée d'ailleurs se levait alors d'elle-même, son appétit était excellent, elle prenait de l'embonpoint, et toutes les fonctions de l'économie s'opéraient à merveille. Le vingt-quatrième jour la suppuration s'est complétement tarie.

1ᵉʳ juillet. — La plaie, primitivement de 12 à 13 centimètres, est réduite à une cicatrice linéaire de 4 centimètres, terminée à son extrémité inférieure par une dépression ombiliquée. Le ventre est également souple partout. La santé est parfaite.

Ovariotomie pratiquée avec succès le 29 septembre 1862 ; par M. Kœberlé
(Gazette hebdomadaire, 1862, p. 779).

Madame V... (de Phalsbourg), âgée de 37 ans, mère de quatre enfants, d'une très bonne constitution, douée d'un embonpoint prononcé, avait été ponctionnée il y a un an pour un kyste de l'ovaire. Depuis, la maladie ayant fait des progrès, la malade a résolu d'être débarrassée de sa tumeur par l'extirpation. L'opération a été pratiquée le 29 septembre, en présence de plusieurs de mes collègues et confrères. L'opération a duré deux heures. Il a fallu pratiquer une incision de 30 à 32 centimètres dans la paroi abdominale, qui était épaisse de 4 à 6 centimètres, pour en extraire une tumeur formée par des kystes multiloculaires du poids de 2,400 grammes, et dont une loge contenait 7 litres et demi d'un liquide épais et brunâtre. Il existait une hernie ombilicale. L'épiploon était très-adhérent à la tumeur, qui offrait en outre des adhérences lâches du côté de l'excavation pelvienne, où il se déclara une hémorrhagie capillaire assez persistante. Les deux ovaires ont dû être extirpés ; leurs pédicules n'avaient pas plus de 1 et demi à 2 centimètres de longueur. L'épiploon a dû être lié en masse, à cause des nombreuses ligatures qu'il aurait fallu faire ; en deux autres points, des artères et des veines ont dû être étreintes séparément. L'incision a été réunie par plusieurs points de suture superficiels et profonds, et par une suture sèche au collodion. Les extrémités libres des ligatures de l'épiploon et des ovaires ont été momifiées et rendues imputrescibles par le perchlorure de fer. Des applications d'une solution de sulfate de fer ont arrêté l'inflammation, qui tendait à s'étendre rapidement le deuxième jour. Le pouls n'a pas dépassé 90 pulsations, et à partir du huitième jour, il est resté constamment à 75 pulsations. La suppuration a été insignifiante et n'a jamais exhalé une odeur putride. Les pédicules enfoncés à une profondeur de 8 centimètres ont été maintenus à découvert par un appareil dilatateur en plomb. L'opérée a été anesthésiée d'une manière complète pendant l'opération. Elle n'a guère éprouvé de douleurs que pendant huit à dix heures. Les premiers jours elle a été mise dans un état d'anhydrémie aussi complet que possible, pour faciliter la résorption des liquides épanchés. Il n'est survenu aucun accident à partir du quatrième jour, où l'opérée a eu quelques vomissements, consécutifs à une tympanite stomacale. La plaie a été maintenue béante à son extrémité inférieure, pendant près d'un mois, par des tubes en caoutchouc, jusqu'à la cicatrisation parfaite. Actuellement, la cicatrice est linéaire et offre une longueur de 13 centimètres. Madame V... jouit d'une santé excellente ; toutes les fonctions s'opèrent à merveille ; les règles n'ont pas reparu.

Observation de M. Serres d'Uzès. — *Kyste multiloculaire ; ovariotomie; guérison en 19 jours* (1).

Une jeune femme assez bien développée et âgée de vingt ans, présentait une tumeur ovarique énorme de 1 m. 15 cent. de circonférence. Une ponction qui avait donné deux ou trois litres d'un liquide filant légèrement jaunâtre, avait amené un peu d'amélioration; mais cela n'avait été que passager : ce mieux ne s'était point soutenu, et au bout de deux ou trois mois, le mal avait reparu comme avant.

La jeune malade avait conscience de son état. Elle était courageuse, et voyant tous les jours sa force décliner, demanda alors l'opération avec instance. En raison du dépérissement rapide qu'elle présentait et de l'inefficacité de la ponction faite à la tumeur, M. Serres se décida à pratiquer l'ovariotomie.

Une incision de 12 à 14 cent. fut faite depuis le nombril jusqu'au pubis. On divisa successivement la peau et tous les plans aponévrotiques de la paroi abdominale. Quelques petites artères donnèrent aussitôt du sang, et, pour ne pas perdre de temps, il s'empressa de les saisir avec des pinces fixes.

Arrivé à la cavité péritonéale, il s'en échappa un flot de liquide limpide et nullement altéré. Il fit alors l'incision du péritoine en lui donnant la même étendue que celle des parois abdominales; toute la cavité accessible du péritoine fut explorée avec le plus grand soin. A droite, rien d'anormal; il n'y existait aucune adhérence ; tous les organes de ce côté étaient libres ; mais du côté gauche, à 3 cent. et demi de l'incision, les adhérences commençaient et l'on en rencontrait en tous sens : sur l'aorte, sur le colon ; elles remontaient jusqu'à la rate, au diaphragme. Le kyste fut vidé avec un grand trois-quarts anglais d'un pouce de diamètre, ayant sur ses côtés un tube en caoutchouc de même calibre, plongeant par son extrémité dans un vase faisant office de siphon. Il en sortit une bien plus grande quantité de liquide que lors de la ponction exploratrice; mais alors commença la partie la plus minutieuse et la plus pénible de l'opération , celle qui consiste à rompre, avec les mains introduites dans l'abdomen, ces adhérences plastiques qui unissaient entre eux tous les organes et qu'il était nécessaire de détruire les unes après les autres avec le plus grand soin, pour pouvoir mobiliser la tumeur, l'isoler et l'enlever en entier.

Avec beaucoup de persévérance et de précaution le kyste, qui , après son ouverture, avait donné à peu près 15 litres de liquide, fut enfin dégagé. C'était beaucoup de fait déjà; mais en arrière de ce premier kyste, qui était de beaucoup le plus considérable, il en restait trois autres moins

(1) Exrait de l'exposition faite par l'auteur à la clinique de M. Nélaton, le 26 février 1864.

volumineux, et tout leur ensemble formait une énorme tumeur de 38 cent. de diamètre environ.

Le second se rompit et une partie du liquide s'épancha dans la cavité abdominale. Le troisième se vida aussi, non accidentellement, mais volontairement, par une ouverture faite avec un bistouri. Il en restait un quatrième, qui, avec beaucoup de précaution, fut retiré sans le rompre ; après quoi toute la tumeur put être retirée en dehors de l'abdomen.

Comme le pédicule était volumineux et très-court, M. Serres appliqua sur lui le clamp anglais le plus haut possible, afin d'éviter un tiraillement trop fort déterminé par ce gros pédicule.

Après avoir enlevé la tumeur, il épongea avec soin toute la cavité abdominale, avec une vingtaine d'éponges ; toutes les parties furent bien nettoyées. Il remarqua que, toutes les fois que l'éponge était portée sur le côté droit, elle était retirée non tachée par le sang, tandis que, quand on la portait du côté gauche, sur les points occupés par les adhérences, elle sortait toujours imprégnée de sang. Toutefois, comme on ne pouvait éponger indéfiniment, après avoir suffisamment tari cet écoulement, il procéda à la fermeture de l'abdomen. Il pratiqua la réunion immédiate, à l'aide de douze points de suture, établis chacun avec un soin minutieux, de manière à bien saisir le péritoine adossé par sa face interne et bien retenu entre les deux lèvres de la plaie faite aux parois abdominales.

Il y eut un point où la ligature se rompit et où le péritoine disparut presque dans la plaie ; il fallut aller le chercher avec une pince, le retirer au dehors suffisamment pour pouvoir le saisir de nouveau.

Pendant tout le temps de l'opération, la malade resta chloroformisée. Il y eut un incident déterminé par le chloroforme et qui donna des inquiétudes : la malade fut prise de vomissements opiniâtres qui durèrent pendant toute la chloroformisation, pendant l'opération, et vingt-quatre heures après. Pour remédier à cet accident, qui n'eut point de suites fâcheuses, M. Serres prescrivit à l'opérée une potion morphinée à 20 centigrammes, à prendre par cuillerée, d'heure en heure, dans le courant de la journée.

Tous les accidents se bornèrent à ces vomissements opiniâtres ; mais la malade n'accusa point de douleurs et ne poussa aucun gémissement durant l'opération.

Ces vomissements démontrent qu'on a peut-être exagéré les dangers d'aller à la garde-robe à la suite de ces opérations, attendu que les efforts ordinaires de la défécation ne peuvent être regardés comme plus énergiques et plus dangereux que ceux que fit l'opérée dans ces vomissements opiniâtres, et cependant il n'en résulta aucun accident.

Dès le treizième jour, elle était dans un état de santé assez satisfaisant pour qu'elle pût quitter le lit ; mais par prudence elle le garda jusqu'au dix-neuvième.

Aujourd'hui, cette jeune femme jouit d'une parfaite santé.

Résumé des huit cas dans lesquels M. Nélaton a pratiqué l'ovariotomie (**1**).

Dans quatre cas, les malades succombèrent.

Dans le premier, il s'agissait d'une tumeur volumineuse à kystes multiples.

Il ne serait point impossible, dit-il, que l'insuccès, dans ce cas, ne fût dû au peu d'expérience qu'il devait avoir pour une opération toute nouvelle et encore à son enfance. Ayant sous les yeux, pendant l'opération, des signes inquiétants, tels que grande agitation, défaillance, lipothymies, etc., il avait hâte de terminer ; il regardait comme prudent de prolonger le moins possible les recherches et les manœuvres opératoires. L'opération et le pansement furent faits avec le plus grand soin ; mais il a regretté depuis de ne pas s'être attaché à tarir d'une manière parfaite le suintement de sang qui s'effectuait sur les parties divisées, et entre autres sur le pédicule coupé. Il a pensé depuis que ce liquide tombé dans le péritoine pouvait, sous l'influence de la chaleur intérieure jointe à quelque faible quantité de l'humeur kystique épanchée, s'altérer, se décomposer et donner lieu à une infection putride.

Le *deuxième* cas était celui d'une tumeur énorme, plutôt solide que liquide. Bien que là aucun liquide ne se fût épanché dans la cavité abdominale, il se déclara une péritonite intense et la mort.

Le *troisième* cas était aussi compliqué que possible. Des adhérences nombreuses existaient partout et fixaient la tumeur aux parois abdominales, aux parois du bassin, à l'utérus, etc. Ces adhérences étaient indestructibles, en sorte que l'opération dut être complète. Il fit ce qu'on fait d'habitude en pareil cas : une ablation incomplète de la tumeur ; on sait, en effet, que la resection partielle d'une tumeur a été quelquefois suivie de guérison.

Le *quatrième* cas fut tout à fait identique au précédent.

Le *cinquième* (2) est celui d'une femme offrant un vaste kyste qui se remplissait en vingt-deux jours.

Après la ponction, la malade se portait mieux ; mais cela ne durait pas longtemps ; la poche se remplissait de nouveau, et au fur et à mesure qu'elle se remplissait, la malade voyait se développer les mêmes souffrances, la même série de phénomènes morbides jusqu'au vingt-deuxième jour, époque après laquelle son état ne devenait plus supportable ; car alors commençaient des vomissements incoercibles, et de plus absence de

---

(1) Nous savons que M. Nélaton a pratiqué deux nouvelles opérations, le 21 et le 22 courant. Les opérées sont dans un état satisfaisant, mais on ne peut pas encore dire quel sera le résultat définitif (26 mai 1864).

(2) Nous rapportons cette opération plus in extenso p. 140.

tout repos ; il lui était impossible de se tenir couchée. Comme elle dépérissait d'une manière rapide, M. Nélaton se rendit à ses prières, et il se décida à l'opérer.

Là, l'opération fut couronnée d'un plein succès. Après l'ablation de la tumeur et un pansement fait avec le plus grand soin, la cicatrisation se fit rapidement, et la malade se trouvait, au bout de quelques jours, complétement hors de danger. Toute douleur avait disparu ; il n'y avait pas la moindre fièvre ; la malade, qui se trouvait guérie, se levait, marchait, chantait, quand, le quinzième jour, il se déclara une très-fâcheuse complication. Au moment où on croyait au succès le plus complet, on vit se manifester les signes du tétanos, et cette malade mourut le vingt-huitième jour après l'opération.

A quoi était dû cet accident? Comment l'expliquer? La cicatrice, de forme linéaire, était complétement guérie. A l'autopsie, on ne rencontra rien du côté de l'abdomen, du bassin, du tube intestinal, du tissu cellulaire pelvien, et rien partout ailleurs.

M. Nélaton range les trois autres cas dans la même catégorie. C'étaient des femmes âgées. Leurs tumeurs étaient constituées par des kystes volumineux. Leur dépérissement rapide leur faisait réclamer instamment l'opération.

L'une avait un kyste énorme qui pesait 84 livres, assurément plus lourd qu'elle, car la malade, petite et maigre, n'avait pas ce poids-là.

L'autre avait des tumeurs multiples, les unes molles, les autres dures, et qui, réunies, représentaient une masse considérable.

Enfin, la dernière avait un kyste qui avait été ponctionné plusieurs fois et avait été le siége d'accidents inflammatoires. Chez elle s'effectuait aussi un dépérissement rapide qui la déterminait à demander l'opération.

Chez ces trois malades, l'opération fut suivie d'une guérison complète, et toutes les trois vivent encore aujourd'hui.

Observation de M. W. Jeafferson. — Ablation heureuse d'une tumeur ovarienne ; pédicule laissé dans la cavité abdominale ; guérison (Expériences 1838, tome 1er, page 413).

Au mois de novembre 1833, je fus engagé à soigner madame B..... dans son second accouchement, qui était parfaitement à terme. En l'examinant comme à l'ordinaire, je découvris une tumeur qui occupait tout le côté gauche du bassin ; elle était ferme, élastique, d'une fluctuation obscure, et évidemment recouverte par les parois du vagin. Je ne pouvais pas la déplacer aisément, et elle entravait la descente de la tête de l'enfant ; l'orifice utérin était complétement dilaté, et les efforts de la matrice très-puissants. Dans cet état, j'envoyai demander mon ami King de Saamudham, mais je restai avec la malade ; et tandis que j'exerçais, dans l'intervalle des douleurs, une douce pression sur la tumeur, elle remonta soudainement au-dessus du bord du bassin, et l'accouchement se termina par la contraction utérine qui suivit.

Le 4 mars 1836, mes soins furent encore réclamés et mes craintes furent dissipées par la naissance d'un bel enfant, qui s'opéra sans aucune des difficultés précédentes. Mais après la guérison, je fus inquiété en voyant que l'abdomen n'avait pas diminué de volume et qu'une quantité considérable de liquide occupait l'ovaire gauche. La convalescence étant bien établie, j'essayai des moyens que je crus les plus convenables pour provoquer l'absorption, et entre autres le remède beaucoup loué du docteur Turnbull (la vératrine), mais sans le moindre bénéfice. J'instruisis alors la malade des chances que l'opération, suivant moi, lui laissait encore, mais en même temps des hasards qu'elle entraînait avec elle.

Le 4 mai, elle me fit venir et me dit que la tumeur avait si rapidement grossi, et que le fardeau en était si grand qu'elle se soumettrait à l'opération pour une guérison radicale. Conséquemment, le 8, en présence de M. King, je fis une incision de 10 à 12 lignes environ sur le trajet de la ligne blanche au milieu de l'espace compris entre le nombril et le pubis. Le kyste ayant été ainsi mis à découvert avec précaution, je tirai par le trocart environ 2 pintes d'une sérosité limpide. Pendant que le liquide s'écoulait, on assujettit une portion du sac avec une pince pour l'empêcher de se retirer. Puis je pratiquai l'extraction du sac tout entier hors de la cavité de l'abdomen, en même temps un autre sac contenant 2 onces de liquide, et en réalité l'ovaire tout entier. Il n'y eût à couper qu'un pli du péritoine et le ligament de l'ovaire, lesquels, à l'exception d'une petite portion de l'extrémité frangée de la trompe, sont les seules attaches naturelles de l'ovaire à l'utérus.

Mais comme ce repli constituait la voie par où le sang arrivait au kyste et que les vaisseaux à la surface du sac étaient considérablement dilatés, nous jugeâmes convenable de l'étreindre d'une ligature avant de le laisser rentrer dans la cavité abdominale. Les bouts de la ligature furent coupés très-près du nœud. Une très-petite portion de l'épiploon sortit avec le kyste; elle fut aisément réduite. La plaie extérieure fut réunie par deux points de suture, l'emplâtre adhésif et une compresse. Suivant l'avis de M. King, je donnai une pilule formée de 2 grains d'opium en poudre et une potion avec 1 gros de teinture de digitale. Une serviette trempée d'eau la plus fraîche fut maintenue constamment autour de l'abdomen. J'adoptai d'autant plus volontiers ce plan que M. King l'avait trouvé très-avantageux dans une opération récente où il avait ouvert l'abdomen beaucoup plus largement. Dans la nuit, je prescrivis une dose de calomel et de jusquiame, et ensuite je fis prendre de quatre heures en quatre heures une solution de sulfate de magnésie dans une mixture saline.

Tout parut aller bien jusqu'au 10, où je fus appelé à trois heures et demie du matin. Je trouvai la malade avec un vomissement continuel, le hoquet, le pouls à peine sensible, de vives tranchées et une douleur lancinante le long du nerf crural antérieur. Comme les intestins n'avaient pas été évacués, je prescrivis un clystère stimulant qui opéra abondamment, puis je donnai une pilule de 2 grains d'opium que je fis prendre dans une gorgée composée de deux ou trois cuillerées de thé et d'eau-de-vie. Ces moyens calmèrent l'estomac et améliorèrent l'état du pouls qui cessa d'être intermittent, bien qu'il ne dépassa jamais 70 pulsations pendant tout le cours du traitement.

La douleur dans la cuisse se calma bientôt; les sutures furent ôtées 48 heures après l'opération, la plaie étant guérie, excepté dans les points occupés par les fils où il s'était fait une petite ulcération. L'emplâtre adhésif et les compresses furent réappliquées, et la dose d'une demi-once de mixture saline contenant une goutte d'acide chlorhydrique fut donnée toutes les 4 heures, ce qui parut tenir l'estomac tranquille et permit à la malade de prendre deux cuillerées à thé de gruau; on y ajoutait, par intervalle, une cuillerée de thé ou d'eau-de-vie. Mais comme, au bout de quelques heures, elle commença à s'en dégoûter, on la laissa, le 12, trop longtemps sans nourriture à cause du retard dans la préparation d'un bouillon que j'avais ordonné pour le matin. La malade eut presque une syncope, et la douleur se fit sentir de nouveau dans la cuisse, mais avec peu d'intensité. Néanmoins ces symptômes disparurent bientôt, et il n'y eut plus rien à faire qu'à régler les fonctions intestinales soit par des lavements, soit par des médecines légèrement opératives. Le 15, un morceau d'emplâtre fut appliqué sur la plaie pour la dernière fois, simplement comme moyen de protection. La serviette trempée d'eau froide fut conservée pendant plus d'une semaine après l'opération. A aucun moment la sécrétion du lait ne fut interrompue et la malade ne ressentit que par intervalle une légère douleur lancinante là où la ligature avait été appliquée.

Ma malade s'est parfaitement rétablie ; elle a repris les occupations de la santé.

Observation du docteur John L. Atlee (d'Amérique); *ovariotomie pratiquée avec succès ; pédicule divisé avec l'écraseur* (North American med. chirurgical rev., 1858).

Femme de 61 ans, mariée à 23 ans ; jamais enceinte ; réglée à 17 ans ; toujours abondamment : ménopause à 52. Santé générale bonne. 4 ponctions antérieures ; le kyste se remplit rapidement. Après la dernière ponction, la malade demande l'ovariotomie.

Opérée le 23 mars 1858. Anesthésiée avec un mélange de chloroforme et d'éther. Incision commençant 1 pouce au-dessous de l'ombilic et se terminant à 2 pouces au-dessus du pubis, agrandie pendant l'opération de 1 pouce à chaque extremité. Adhérences faibles. Pédicule de 1 pouce de long et 4 pouces de large *très-vasculaire*, divisé avec l'écraseur en *six minutes et demie*. La plaie fut fermée plusieurs minutes après. Pas d'hémorrhagie ; on n'observa même pas le plus léger suintement sanguin. Pédicule laissé dans la cavité abdominale. La plaie abdominale fut fermée avec 4 sutures métalliques, bandelettes adhésives. Trois heures après l'opération, une colique très-forte fut ressentie par la malade au côté gauche. Le cathéter introduit, on retira 16 onces d'une urine acide. La réaction s'est opérée au bout de deux jours. Pouls intermittent pendant le premier jour. Sutures enlevées le septième jour. Pas de selles. La charpie recouvrant la plaie est aussi propre que quand on l'avait appliquée. Le quatorzième jour, elle fit une promenade en voiture d'un demi-mille. Après cela elle est sortie guérie.

Kyste multiloculaire pesant 17 livres et demie.

Observation de M. Maisonneuve. — *Kyste multiloculaire; ovariotomie; mort 22 heures après.* (Thèse de concours.)

Le 5 octobre 1848, entra dans le service de M. Maisonneuve à l'hôpital Cochin, une jeune fille de 23 ans, qui portait dans le ventre une tumeur indolente, mais dont l'accroissement rapide lui donnait de vives inquiétudes. C'est dans le courant de septembre 1847 qu'elle s'était aperçue pour la première fois de l'existence de cette tumeur; son volume alors égalait à peine celui d'une petite pomme. Elle était très-mobile, fuyait facilement sous la main qui la cherchait, et se cachait dans l'excavation du bassin. Depuis cette époque, la tumeur ne cessa de croître pour ainsi dire à vue d'œil, et lorsque la malade vint à l'hôpital Cochin, elle faisait dans le ventre une saillie considérable. Son volume égalait celui de l'utérus à sept mois de grossesse. Elle était indolente, parfaitement mobile en tous sens, on n'y reconnaissait aucune fluctuation, mais une élasticité remarquable. Aucune bosselure ne s'élevait à la surface. La percussion donnait un son mat, et l'on n'y reconnaissait pas de frémissement hydatique.

En examinant par le vagin, on constatait facilement qu'elle n'avait avec l'utérus aucune connexion, qu'elle n'était point adhérente à la vessie ni au rectum, qu'elle glissait facilement sur les parois du bassin dont elle remplissait la partie supérieure.

La malade avait une profonde terreur de cette affection et désirait vivement en être débarrassée.

Avant de rien entreprendre, M. Maisonneuve prit l'avis de M. Nonat et de M. le professeur Moreau.

L'existence d'une tumeur ovarique, non fluctuante et probablement multiloculaire étant admise, il se décida à l'extirpation, de préférence à la ponction et à l'incision qui, dans ce cas particulier, ne lui paraissait pas applicable.

En conséquence, le 8 octobre 1848, M. Maisonneuve procéda à l'opération, en présence de MM. Moreau et Nonat, de la manière suivante :

La malade fut couchée sur un lit étroit, la tête un peu élevée, les cuisses demi-fléchies et écartées; elle fut soumise à l'inhalation du chloroforme.

Placé au côté gauche de la malade, on pratique sur la ligne blanche une incision de 15 cent. environ, laquelle s'étend de l'ombilic jusqu'au pubis, arrivant facilement et sans encombre jusqu'à la surface du kyste qui apparaît comme une énorme masse à coque fibreuse. Le chirurgien plonge le bistouri pour le vider : c'est alors qu'il acquiert la certitude de sa disposition multiloculaire ; c'est à peine s'il s'écoula un demi-verre de liquide filant : on saisit alors les deux lèvres de l'incision faite à la coque et l'on cherche à l'extraire, mais le kyste était encore trop volumineux, et l'on fut obligé de prolonger l'incision 3 cent. au-dessus de l'ombilic. Dès ce moment le kyste put être extrait en masse, il n'avait contracté aucune adhérence et ne tenait au côté gauche de l'utérus que par un pédicule gros comme le petit doigt. Ne constatant dans ce pédicule aucune artère importante, M. Maisonneuve conçut l'idée de tordre le pédicule, afin d'éviter la présence d'une ligature dans l'intérieur du ventre. Pour cela il saisit le pédicule entre les mors d'une forte pince à anneau, puis fit tourner la tumeur trois ou quatre fois sur son axe; le pédicule étant rompu, pas une goutte de sang ne s'en écoula. On procéda immédiatement au pansement, et il fallut replacer dans le ventre les intestins qui s'en étaient échappés. Cela ne laissa pas que d'offrir quelque difficulté, puis on pratiqua une suture enchevillée, en ayant soin de ne pas comprendre le péritoine. Un bandage un peu serré fut appliqué autour du ventre et la malade reportée dans son lit.

Jusqu'à minuit, c'est-à-dire pendant quatorze heures, tout se passa parfaitement bien; mais à dater de ce moment, la malade s'affaiblit, le pouls se concentra, et sans frisson, sans douleur, elle s'éteignit à 8 heures du matin, 22 heures après l'opération.

A l'autopsie, on ne put constater aucune trace de péritonite, aucune hémorrhagie, de sorte que la cause de la mort reste encore obscure dans notre esprit, dit M. Maisonneuve.

Observation de M. Herrgott (de Strasbourg) (*Gazette médicale de Strasbourg*, 1859, page 31).

Rosine Sager, âgée de 50 ans, bonne constitution, mère de trois enfants. Début de la maladie, deux ans. Ses règles ont disparu il y a cinq mois seulement. Elle se crut d'abord enceinte; le développement considérable de la tumeur et la gêne de la respiration l'obligèrent à entrer à l'hôpital le 17 novembre 1858. Sa santé générale est toujours bonne.

L'amaigrissement est extrême. Gêne de la respiration allant jusqu'à la dypsnée. Ventre énormément tuméfié, globuleux ; mal dans toute son étendue, présentant une fluctuation évidente. Veines sous-cutanées très-développées; œdème des membres inférieurs. L'appétit est conservé, cependant les digestions se font avec peine. Parfois il existe de l'incontinence d'urine. Le tour du ventre est de 1 mètre 24 cent.

Le 23 novembre on se décide à faire l'extraction du kyste. M. Herrgott se place à droite et pratique une incision qui s'étend depuis 1 centimètre au-dessus du pubis verticalement, 8 centimètres en haut; les parois abdominales sont incisées couche par couche sur la sonde; il s'écoule un peu de sérosité du péritoine. Le kyste est mis à nu et fixé par deux fils aux lèvres de la plaie pour prévenir le retrait de la poche après l'évacuation du liquide; puis on y plonge le trocart et il s'écoule à peu près 20 litres d'un liquide jaune, verdâtre, transparent et mousseux. À mesure que le liquide sort, on reconnaît de nombreuses et solides adhérences qui unissent le kyste aux parois abdominales et qu'on cherche à détruire. Le kyste ayant été vidé, on tâche de le retirer avec des pinces de Museaux; ce temps de l'opération fut très-pénible. Après des efforts des plus énergiques qui fatiguèrent les opérateurs (*sic*), on amène à peu près la majeure partie de la tumeur; après avoir détaché la trompe gauche dont les franges étaient collées sur la tumeur, celle-ci fut fendue en partie pour permettre de pratiquer des tractions mieux dirigées. Les parois du kyste très-épaisses et résistantes présentaient un grand nombre de kystes de grosseur variable dont quelques-uns gênèrent l'extraction; enfin une traction plus énergique amena au dehors un kyste plus volumineux que les autres, après lequel arriva le pédicule de la tumeur. Celui-ci n'avait pas plus de 3 centimètres de diamètre; il est disséqué avec soin et l'on parvient à lier une artère volumineuse et plusieurs veines qui se rendent à la tumeur; on sectionne le tout et on maintient le pédicule au dehors en attachant les fils à ligature sur un morceau de bougie. On fait deux sutures profondes avec des fils doubles pour réunir le péritoine et les muscles. Deux autres superficielles réunissent les lèvres de la plaie. La malade est restée anesthésiée pendant tout le temps de l'opération qui a duré une heure. Fomentations sur le ventre avec l'infusion de sureau. Potion calmante avec du laudanum et de l'éther.

Après l'opération la malade est restée calme, elle ne ressentait aucune douleur; pouls petit, dépressible, assez fréquent, peu de réaction; à 1 heure, douleurs assez vives. A 6 heures du soir, la malade se plaint seulement d'un peu de sécheresse à la bouche; pas de nausées; pouls à 90 plein; pas de chaleur à la peau. Potion calmante. A 7 heures, sommeil tranquille, pouls à 84 régulier; une heure après, elle se réveille soulagée. A 10 heures du soir, les douleurs redeviennent un peu plus intenses; pouls à 102, un peu de transpiration, grande soif. Sous l'influence de l'extrait gommeux d'opium, le pouls se relève et se ralentit. Le 24 novembre, à 1 heure et demie du matin, la malade se réveille et se plaint de douleurs violentes dans l'abdomen et le dos; figure anxieuse, pouls petit, serré, fréquent. On donne deux cuillerées de la potion opiacée. A 3 heures, tendance au refroidissement, urines involontaires, sensibilité très-grande à gauche dans l'abdomen; 8 sangsues, nouvelle potion opiacée. A 6 heures, amélioration sensible, pouls large à 106, sommeil calme; la potion est prise difficilement et avec dégoût. A 8 heures, quelques nausées, même état, 6 sangsues à gauche, glace à sucer. A midi, faciès assez bon, regard indifférent, somnolence, peau chaude (39°), humide, pouls à 120, petit, serré ; vive sensibilité à l'abdomen, douleurs avec exacerbations. Langue plate, humide, blanchâtre, peu de soif, pas de nausées. A 1 heure, état empiré, douleurs arrachant des cris, la peau se refroidit sensiblement (on renouvelle la potion opiacée à 0,10 cent.). A 5 heures, le pouls est tellement fréquent qu'on ne peut plus le compter. Agitation, délire, extrémités froides. A 6 heures, amélioration sensible, pouls à 140, le calme est revenu sous l'influence de l'opium. On donne deux cuillerées d'une potion à 0,20 cent. A 7 heures, le pouls, qui s'était relevé un instant, redevient filiforme. Bientôt il ne présente plus que des oscillations ; délire, agitation ; la malade veut se lever, les extrémités sont froides. Deux nouvelles cuillerées de potion. A 7 heures 40 minutes, le pouls est devenu insensible ; bientôt il survient du calme, et la malade expire (34 heures après l'opération).

A l'autopsie on trouve dans la cavité abdominale à peu près 2 litres d'un liquide rougeâtre, analogue à du sang. Examiné au microscope, il renferme un grand nombre de globules sanguins assez altérés, des cellules épithéliales du péritoine et de nombreux sporules de champignons. Il ne renferme pas un seul globule de pus. Cependant en disséquant les organes du petit bassin, on rencontre quelques petits foyers purulents se manifestant sous forme de traînées jaunâtres. Le péritoine est très-vasculaire, et on trouve dans certains points des suffusions sanguines dans son épaisseur, quelques fausses membranes. Pas d'adhérence entre le pédicule et le péritoine. Les intestins ont la même coloration du péritoine, mais pas uniformément ; ils n'adhèrent pas entre eux, leur surface est lisse et brillante ; la rougeur paraît due ici plus tôt à l'imbibition qu'à l'hyperhémie. Le gros intestin est énormément distendu. Les autres parties ne présentent aucune anomalie ni à l'extérieur ni à l'intérieur. L'utérus est notablement hypertrophié (8 cent. de long et 5 de large). Les veines ovariques sont très-distendues, les artères présentent l'aspect normal.

Description du kyste.

Le kyste enlevé est formé d'une grande poche à parois flasques et assez épaisses (5 millimètres) ; la poche présente un diamètre de 30 à 40 centimètres les parois étant affaissées ; à la surface interne de ce kyste principal font saillie des kystes plus petits et très-nombreux, dont le volume varie entre celui d'une tête d'épingle et celui d'un œuf de poule. A la base de la tumeur se trouve un gâteau formé par un assemblage de kystes, gâteau qui mesure 4 centimètres de longueur, autant de largeur et 3 centimètres d'épaisseur. La surface interne du kyste est lisse, mais rendue irrégulière par les saillies des petits kystes dont on vient de parler et par des brides fibreuses, mais qui ne forment qu'une petite saillie. Le kyste principal renfermait 22 litres de liquide jaunâtre brun dont les analyses chimiques et microscopiques ne furent pas faites ; les autres petits kystes renfermaient des produits variables : tantôt c'était un liquide jaunâtre, tantôt un liquide blanchâtre, laiteux, tenant en suspension des grumeaux blanchâtres de consistance gélatineuse ; d'autres fois le contenu était complétement formé par une masse blanchâtre de consistance gélatineuse.

Examen microscopique. Tous les kystes sont tapissés d'un épithélium à cellules très-régulières pourvue d'un noyau analogue à celui des ovisacs. Dans le liquide nagent des lambeaux de cet épithélium avec des éléments résultant de la transformation de ces mêmes cellules, savoir : cellules avec granulations graisseuses et albumineuses ayant conservé leur forme primitive ; cellules arrondies avec granulations graisseuses très-abondantes (corps granuleux, soi-disant globules inflammatoires), gouttelettes de graisse libres, cellules pâles arrondies, énormes, gonflées. Les parois du kyste sont formées de tissu connectif bien développé. A l'extérieur du kyste on voit : 1° la plus grande partie de la trompe gauche qui y est accolée par des brides et qui a été coupée par l'opérateur ; 2° les traces des adhérences assez nombreuses déchirées pendant l'opération. Le reste de la surface extérieure du kyste est lisse.

Observation de M. Demarquay. — *Kyste de l'ovaire datant de dix-huit ans ; six ponctions ; ovariotomie ; adhérences considérables ; mort vingt-quatre heures après l'opération.* (Gazette médicale de Paris, 1862.)

La nommée X..., âgée de trente-neuf ans, entre le 2 juillet 1862 dans le service de M. Demarquay pour y être soignée d'un kyste ovarique très-volumineux.

Réglée à seize ans, menstruation régulière jusqu'à il y a trois mois où il y a eu suppression brusque. Accouchement heureux sous tous les rapports à vingt et un ans. A la suite de cet accouchement, le ventre resta volumineux, augmenta de volume, et bientôt prit des proportions considérables. Un médecin, consulté dès le début, constata la présence d'un kyste dans l'ovaire droit : tous les traitements employés vinrent échouer contre cette maladie. Le kyste, arrivé à un certain développement, demeura longtemps stationnaire. Première ponction en juillet 1859, donnant issue à 24 litres de liquide épais, filant, couleur chocolat. Guérison apparente pendant dix-huit mois ; nouveau développement de la tumeur à la suite d'une fièvre typhoïde ; marche beaucoup plus rapide que la première fois au bout de six mois ; une nouvelle ponction fut nécessaire ; le liquide écoulé était clair et limpide comme du vin blanc. Après l'écoulement du liquide on commença à sentir une tumeur dans le ventre, probablement un petit kyste dans la paroi du grand. Nouvelle ponction le 2 janvier 1862 par laquelle

on extrait 20 litres de liquide épais, gluant comme du blanc d'œuf, s'écou-
lant difficilement par la canule. A la suite de cette opération, on sent
manifestement deux tumeurs volumineuses très-distinctes, situées l'une
dans la fosse iliaque droite, l'autre dans la fosse iliaque gauche; celle de
droite paraît plus volumineuse que celle de gauche. Le liquide s'étant
reproduit, nouvelle ponction le 25 mars 1862. Enfin, dernière ponction le
11 mai, par laquelle on retire 25 litres de liquide. En résumé, cinq ponctions par lesquelles on retire en moyenne 20 à 25 litres de liquide. A mesure que les ponctions se succèdent, l'état général va en déclinant.
A l'entrée de la malade à l'hôpital, la faiblesse est extrême, la maigreur
très-considérable. Œdème aux extrémités.

Le kyste s'est de nouveau rempli depuis six semaines. La circonférence
du ventre mesure 130 centimètres, de l'appendice xyphoïde au pubis,
70 centimètres. La respiration est embarrassée, les digestions se font mal;
la malade rend une grande quantité de gaz après les repas, et elle ne peut
prendre qu'une petite quantité de nourriture. Le 4 juillet, M. Demarquay
fait une ponction dans le but de soulager la malade et d'étudier la nature
du liquide. Il sort 22 litres de liquide visqueux légèrement brunâtre. Cette
opération est suivie d'un grand soulagement; la malade peut se promener
au jardin. Après cette ponction qui a vidé le kyste presque en entier, on peut
de nouveau sentir dans le ventre deux tumeurs dont l'une plus grosse,
située dans la fosse iliaque droite, et l'autre dans la fosse iliaque gauche.
Ces tumeurs sont dures, irrégulières, bosselées. (M. Demarquay, diagnos-
tique des tumeurs kystiques agglomérées, à parois épaisses renfermées
dans les parois du kyste principal.)

Le liquide s'étant de nouveau reproduit très-rapidement, après avoir
pris conseil de plusieurs collègues, M. Demarquay se décide à pratiquer
l'extirpation du kyste, le 22 juillet 1862, dans une maison de santé, avenue
de Saint-Cloud.

La malade est anesthésiée, placée sur le bord du lit, les cuisses et les
jambes fortement fléchies. Incision sur la ligne médiane de 20 centimètres
d'étendue environ; l'opérateur incise le tissu cellulaire, et il s'en écoule
une petite quantité de sérosité contenue dans ses mailles; incision de l'aponévrose, ensuite du péritoine d'où il s'écoule un peu de liquide épais,
filant, gommeux, et qui ne ressemble nullement au liquide des séreuses.
Le kyste est fortement adhérent en avant, et il a été ouvert en même temps
que le péritoine; la quantité de liquide qui s'est écoulé est peu abondante;
l'incision est tombée sur cette portion du kyste qui est formée par une
agglomération de kystes plus petits. M. Demarquay essaye avec les doigts,
mais ce décollement est très-difficile à cause de la friabilité du kyste,
il arrive cependant vers la partie supérieure de la tumeur où se trouve le
grand kyste. Un gros trocart est enfoncé à cet endroit pour faire écouler
le liquide; il s'en écoule en même temps par la face interne que par la face

externe de la canule. Pendant ce temps, deux aides pressent sur les parois latérales du ventre pour régler l'écoulement du liquide et l'empêcher de s'épancher dans le péritoine. Le kyste est saisi avec des pinces plates et légèrement attiré au dehors; mais les parois se déchirent sous les plus faibles efforts. Cet accident se répète plusieurs fois, il donne naissance à trois ou quatre larges ouvertures par lesquelles le liquide coule à flots. Les aides continuent à presser sur les parois du ventre et sur les bords de la plaie. Les pinces plates étant insuffisantes pour amener le kyste au dehors, M. Demarquay introduit la main dans l'abdomen, déchire les adhérences, saisit à pleine main la tumeur qui se présente la première à l'ouverture et opère de fortes tractions; quelques adhérences qui résistaient encore sont détruites, mais la tumeur se déchire sous la pression des doigts, elle est trop volumineuse pour sortir à travers l'ouverture du ventre; on agrandit cette ouverture en prolongeant l'incision vers la partie supérieure : alors on extrait facilement une masse presque solide, très-volumineuse; le kyste vient à sa suite, et les autres tumeurs qui entrent dans la composition du grand kyste sortent successivement à travers l'ouverture du ventre comme des grains d'un chapelet. Il n'existait heureusement pas d'adhérences en arrière; l'intestin et les organes contenus dans la cavité abdominale restent en place. Application du clamp à 10 centimètres en dehors de l'utérus; section du pédicule à 2 centimètres en dehors du clamp en coupant dans le kyste lui-même; le pédicule est mince, il ne s'écoule pas une goutte de sang après la section.

Le kyste avait son siége dans l'ovaire droit; l'ovaire gauche était parfaitement sain et fut remis en place. — On enlève le sang et le liquide du kyste qui était tombé dans le péritoine; le sang continue à suinter à la place où l'on avait déchiré des adhérences. Ce temps de l'opération est très-long. Une portion du péritoine a été décollée, et la déchirure du tissu cellulaire fournit aussi un peu de sang. Une des sources de l'hémorrhagie est constituée par une déchirure du péritoine longue de 4 à 5 centimètres siégeant à la base du pédicule et à son côté droit; cette déchirure a été probablement produite par les efforts de traction nécessaires pour extraire le kyste. Toute la cavité péritonéale est soigneusement épongée; les vaisseaux qui fournissent le sang sont trop petits pour être liés. L'hémorrhagie s'arrête heureusement d'elle-même.

L'ouverture de l'abdomen est fermée par une suture avec des fils d'argent qui comprennent dans leur épaisseur les feuillets du péritoine.

L'opérée est restée endormie pendant la première partie de l'opération jusqu'après l'extraction du kyste. A ce moment, elle éprouve une espèce de défaillance qui fait craindre pour sa vie. On suspend dès lors le chloroforme. De nombreuses et graves complications; des adhérences solides, la rupture du kyste, l'épanchement de sang dans la cavité péritonéale ont rendu cette opération très-longue et très-pénible pour l'opérateur et pour l'opérée.

L'opération, commencée à 10 h. 1/2, n'a pas duré moins d'une heure. — Pour tout pansement, on applique sur le ventre un gâteau de charpie large et épais, maintenu en place par un bandage de corps. La malade est replacée dans son lit, qui a été bassiné à l'avance ; elle est très-faible, pâle, le pouls petit, la voix éteinte. On cherche à la ranimer par tous les moyens possibles. Une heure après l'opération, elle se plaint de légères coliques, d'envies de vomir. — A 2 heures, hoquets et vomissements de matières bilieuses. Après ce vomissement, elle éprouve un grand soulagement, mais les mêmes phénomènes ne tardent pas à se reproduire et deviennent presque continuels. A 5 heures du soir, la physionomie est bonne, les forces reviennent un peu, le pouls est fort. M. Demarquay prescrit de la glace et des boissons froides ; le hoquet et les vomissements continuent. A 10 heures du soir, le pouls est à 100 ; pas de gonflement ; pas de douleur dans le ventre ; état satisfaisant ; les vomissements continuent malgré la glace qui est continuée ; le hoquet est presque continuel ; pas un moment de repos pendant la nuit. A sept heures du matin, la malade est très-fatiguée et très-faible, la face pâle, le pouls petit et très-fréquent. Pas de douleur dans le ventre ni gonflement ; la plaie est en très-bon état. M. Demarquay prescrit un peu de bouillon ; on continue l'usage de la glace et des boissons froides.

A 9 h. 1/2 du matin, elle se trouve plus mal. La faiblesse augmente, elle se plaint d'étouffements et demande qu'on ouvre les fenêtres. Le pouls est très-petit ; la face devient bleuâtre et la malade s'éteint tout à coup à 10 heures du matin.

L'autopsie n'a pas été faite. Le kyste pesait en tout 40 livres ; il était constitué par une vaste poche principale remplie d'un liquide épais, filant, présentant une coloration brunâtre. Les parois de cette poche ont été déchirées pendant l'extraction du kyste ; elles sont, du reste, très-peu épaisses et très-friables.

Dans les parois de cette cavité, on trouve trois tumeurs distinctes formées par des agglomérations de petits kystes. La plus volumineuse de ces tumeurs était très-adhérente à la paroi abdominale, et on a eu la plus grande peine à la détacher ; elle a été ouverte au même temps que le péritoine. Les petits kystes qui la composent renferment un liquide épais, gélatineux, présentant une coloration jaunâtre. Les deux autres tumeurs sont un peu moins volumineuses ; elles n'ont aucune adhérence avec les parties voisines. Elles n'offrent rien de particulier à noter.

Observation de M. Kœberlé. — Extirpation d'une tumeur fibreuse de la matrice ; amputation de la matrice et extirpation des deux ovaires ; guérison. (Sixième opération d'ovariotomie, par M. Kœberlé, *Gazette Méd. de Strasbourg*, 1863, p. 153.)

Madame S... (de Saverne), sage-femme, âgée de trente ans, très-ner-

veuse, bien constituée, a toujours joui d'une excellente santé. Régulièrement
menstruée depuis l'âge de treize ans et demi, mariée depuis six ans, elle
n'a jamais eu de grossesse, si ce n'est il y a cinq ans et demi, où elle a fait
une fausse couche au troisième mois. Elle s'aperçut à cette époque de
l'existence d'une tumeur dure, arrondie, de 5 à 7 centimètres de diamètre,
située vers la gauche de l'excavation pelvienne, que M. le professeur Stoltz
reconnut alors pour être une tumeur fibreuse de la matrice. Cette tumeur,
susceptible au début de se déplacer d'un flanc à l'autre, s'accrut progressivement sans occasionner aucun dérangement notable dans les fonctions de
l'économie. MM. Lévy et Steibrenner conseillèrent sans succès diverses
médications iodiques internes et externes. M. Boinet, consulté il y a trois
ans, considéra la tumeur comme étant de nature mixte; il prescrivit à la
malade des pilules arsenicales et iodées, et un emplâtre résineux scillitique
sur le ventre, garantissant la guérison au bout d'un an. Cette médication
resta sans résultat, et la tumeur prit un accroissement très-rapide depuis
environ deux ans. La mixtion devient de plus en plus fréquente, et la menstruation de plus en plus douloureuse et prolongée, s'accompagna chaque
fois de vomissements et de diarrhée. La tumeur tournait par fois sur son
axe, sous l'influence d'une pression latérale ou même du décubitus latéral;
le ventre devenait alors très-proéminent, et la tumeur occasionnait alors
des douleurs intenses qui ne cessaient que lorsque la malade avait repris
sa position naturelle. Depuis trois mois la tumeur ne s'était plus retournée
ainsi.

État actuel. — Madame S... est amaigrie, mais elle jouit encore d'un
embonpoint ordinaire. La santé est très-bonne. La menstruation est normale et a lieu à des époques très-régulières. Il n'y a point de flueurs blan-
ches. Il n'existe pas d'ascite ni d'infiltration des extrémités. La tumeur
abdominale remonte à trois ou quatre travers de doigt au-dessus de l'ombilic; elle tire son origine de l'excavation pelvienne, et elle est d'une nature
douteuse, ovarienne ou utérine. La tumeur est solide; elle présente en
quelques points, à gauche, une fluctuation incertaine; elle est très-con-
sistante à droite. Elle est ovoïde, arrondie régulièrement, allongée transversalement. Sous l'influence du décubitus latéral et d'une pression exercée
à gauche, elle s'est tournée de manière à présenter en avant son extrémité
gauche, qui est moins renflée que celle du côté droit. Je pus ainsi me convaincre que la tumeur devait être étroitement pédiculée, et qu'il n'existait
aucune adhérence avec la paroi abdominale, et très-probablement aussi
avec les intestins. La tumeur présente à gauche et en avant une inégalité
longitudinale, molle, dépressible, qui peut être rapportée à la trompe hypertrophiée ou à une adhérence épiploïque, car cette saillie se déplace avec
les mouvements de rotation et se porte alors en avant et à droite. La paroi
abdominale est souple et susceptible d'un allongement assez considérable
pour que l'incision abdominale, nécessaire pour l'extraction en masse de la

tumeur ne doive guère s'étendre à plus de 3 à 4 centimètres au-dessus de l'ombilic. La tumeur paraît être de nature fibreuse, et semble renfermer en quelques points des parties liquides ou vibrantes d'une consistance molle. Le col de la matrice est dévié en arrière et à gauche ; il se porte en avant dans les mouvements de rotation de la tumeur ; lorsqu'on soulève celle-ci, il n'est pas entraîné sensiblement en haut ; il est mou, normal, saillant. Il n'existe pas de tumeur appréciable dans la cavité pelvienne.

Diagnostic. — Le diagnostic reste indécis. La tumeur est ovarienne ou utérine. Les caractères qui semblent se rapporter à une tumeur ovarienne, compacte ou partiellement multiloculaire sont : sa forme arrondie, non bosselée, sa consistance mollasse en quelques points, sa fluctuation obscure, la déviation du col de la matrice et l'apparente indépendance de cet organe lorsqu'on soulève la tumeur, les troubles peu prononcés de la menstruation, l'âge de la malade au début de l'affection, la présence d'un cordon vasculaire longitudinal, mobile avec la tumeur, que l'on peut considérer comme étant formé par la trompe. Les caractères propres à une tumeur utérine consistaient, au contraire, dans la compacité, dans la dureté de la tumeur à droite, dans la mollesse, dans la souplesse à gauche, dans son développement graduel. La forme arrondie de la tumeur, sa fluctuation douteuse, la déviation du col de la matrice, sont des caractères parfaitement susceptibles de se rapporter à une tumeur fibreuse de la matrice.

Conclusions. Quelle que soit la nature de la tumeur, qu'elle soit utérine ou ovarienne, on peut déclarer que l'affection est incurable et qu'elle ne restera pas stationnaire, vu que le traitement iodique est resté sans résultat et que la tumeur prend un accroissement rapide. Dans un temps rapproché, dans un ou deux ans ou plus, cette tumeur troublera diverses fonctions de l'économie, la digestion, la circulation, la respiration, et la malade succombera prématurément tout en traînant une vie misérable. Une opération hardie est le seul recours pour la guérison. Le moment d'intervenir est indiqué, et il ne peut être différé longtemps sans aggraver la situation. La malade, très-courageuse d'ailleurs, désire être débarassée à tout prix de la tumeur, en parfaite connaissance de cause de la gravité de l'opération qu'elle devra subir et des conséquences ultérieures en cas de réussite.

La tumeur est susceptible d'être facilement extirpée ; si elle est ovarienne, l'opération sera très-simple et le pronostic très-favorable.

Si la tumeur est utérine, deux cas peuvent se présenter ; ou bien la tumeur est superficiellement developpée dans la paroi utérine et pourra être liée et excisée sans entamer profondément la matrice ; ou bien elle fait corps avec la matrice, ou celle-ci présente d'autres noyaux fibreux. Dans le premier cas, l'opération ne présentera pas plus de gravité que l'ovariotomie ; dans le deuxième cas, elle sera très-grave et nécessitera l'amputation ou l'extirpation de la matrice ; dans l'une et l'autre de ces alternatives, j'enlèverai les trompes et les ovaires quand même ces organes seraient complètement sains : 1° parce que ces organes deviendront complètement inutiles ; 2° parce que les produits de sécrétion des trompes ne pouvant plus être évacués, s'accumuleraient et pourraient devenir la source d'une affection nouvelle, d'une hydropisie des trompes ; 3° parce que les ovaires continuant à donner lieu à une hémorrhagie menstruelle, et à secréter des ovules qui ne trouveraient aucune issue au dehors, pourraient peut-être donner lieu à des accidents plus ou moins graves ; 4° parce que la conservation des trompes et des ovaires, donnerait lieu à des difficultés opératoires. L'opération plus grave en apparence, au point de vue de la soustraction des parties organiques, sera plus simple, moins grave, au point de vue chirurgical pratique. En sacrifiant les trompes et les ovaires, on pourra aisément embrasser la matrice et le ligament large de chaque côté dans une seule anse de ligature, tandis qu'en conservant les trompes et les ovaires, cela ne sera pas pratiquable. Pour placer plusieurs ligatures le long de la matrice, il faudra traverser le ligament large et s'exposer à des hémorrhagies graves, en piquant l'un des vaisseaux utérins, probablement très-volumineux, tandis qu'il sera très-facile de placer de chaque côté sur ce ligament large, en dehors de la trompe et de l'ovaire, une anse métallique, qu'on aura conduite au moyen d'une aiguille, suivant les indications à une hauteur variable à travers l'épaisseur du col de la matrice ou au-dessous; mais comme le col de la matrice est sain, on pourra probablement le conserver.

Opération. — Je procédai à l'opération le 20 avril avec le concours de M. le professeur Coze et de M. Sarrazin, agrégé, en présence de M. Herrgott, agrégé. M. Elser était chargé de la chloroformisation.

J'incisai d'emblée la ligne médiane à partir de 3 1/2 cent. au-dessus de l'ombilic jusqu'à 3 cent. au-dessus du pubis, en passant directement par l'ombilic qui était le siége d'une petite hernie de 2 cent. de diamètre, laquelle a été divisée. Le tissu connectif graisseux sous-cutané, la ligne blanche et le muscle pyramidal ayant été traversés successivement sans qu'il soit résulté d'hémorrhagie notable, la tumeur apparut complétement libre d'adhérences à la paroi abdominale, mais ayant contracté avec le grand épiploon dans un espace de 3 à 4 cent., des connexions constituées exclusivement par trois artères du calibre de l'artère radiale. Deux ligatures en masse furent jetées sur ces vaisseaux que je divisai ensuite dans l'intervalle. Je reconnus que la tumeur était solide, mais je fis néanmoins à gauche avec un petit trocart une ponction exploratrice qui resta sans résultat. J'essayai ensuite de faire saillir le côté gauche de la tumeur que j'avais reconnu être le plus étroit entre les lèvres de l'incision, en déprimant la paroi abdominale du même côté; mais je m'aperçus que l'incision était insuffisante. En conséquence j'agrandis au-dessus de l'ombilic de 1 1/2 cent. environ. Dès lors il me fut facile d'engager la tumeur dans l'incision, et à l'aide de quelques pressions et de mouvements de latéralité, elle s'échappa peu à peu à travers l'ouverture abdominale. Le pédicule de la tumeur fut étreint le plus près possible de sa base par la chaîne d'un constricteur et serré rapidement. La tumeur fut ensuite excisée à quelque distance du pédicule afin que ce dernier n'eût pas de tendance à s'échapper de l'anse métallique. Avant d'aller plus loin j'épongeai rapidement l'intestin grêle, l'épiploon et l'estomac qui avaient fait hernie au-dehors sur la paroi abdominale, malgré les soins avec lesquels le professeur Coze maintenait la partie supérieure de l'incision. Je repoussai ces vicères dans la cavité abdominale, et je rapprochai de suite, mais incomplétement les bords de la partie supérieure de l'incision au moyen de deux points de suture enchevillée profonde, de manière à empêcher l'issue des vicères. Je m'occupai dès lors de terminer l'opération du côté du bassin. Je reconnus de nouveau que la tumeur était utérine, que le corps de la matrice était volumineux et renfermait dans sa paroi un petit corps fibreux sous forme d'un noyau dur, que la partie inférieure du col était saine, que la trompe du côté gauche était divisée, que l'ovaire de ce côté était parfaitement sain, que l'ovaire du côté droit avait un volume normal et qu'il présentait de plus en avant une saillie très-rouge formée par une vésicule de Graaf, près d'éclater. La matrice, les trompes et les ovaires n'offraient aucune adhérence dans l'excavation pelvienne. La tumeur fibreuse extirpée était implantée sur le long de la matrice vers la gauche. Son pédicule se continuait sans démarcation avec le corps de la matrice sur l'angle gauche de laquelle le serre-nœud était placé. Le col de la matrice était dirigé à gauche, tandis que le corps de cet organe avait été repoussé à droite par le poids de la tumeur. D'énormes veines et des artères très-volumineuses sillonnaient les ligaments larges.

Ma résolution était déjà prise; je laisserai la partie vaginale du col de la matrice, qui était saine, et j'extirperai la matrice, la trompe et les deux ovaires.

Après avoir décollé la matrice de la vessie jusqu'au vagin, je saisis une longue tige d'acier de 0^m,002 d'épaisseur, non trempée à sa partie moyenne, terminée en pointe de trocart et munie, à l'autre extrémité, d'un chas, à travers lequel passait un double fil de fer, tordu et replié en deux parties égales. Je donnai à la tige une courbure convenable, et je traversai le col de la matrice en avant sur la ligne médiane, au niveau de la partie sus-vaginale, et je fis sortir l'instrument en arrière dans le cul-de-sac rectovaginal, en entraînant les deux extrémités des fils de fer. L'aiguille ayant été détachée après que j'eus divisé les fils de fer au niveau du chas de l'instrument, chacun des doubles fils engagés dans les mêmes trous du col utérin servit à embrasser de chaque côté le ligament large dans une anse que je plaçai au plus près de l'ovaire et de la trompe correspondante, et qui fut ensuite serrée dans un de mes serre-nœuds, disposés exprès pour cet usage. La constriction ayant été jugée suffisante de chaque côté, j'enlevai le serre-nœud à chaîne placé sur le pédicule. Je détachai les trompes et les deux ovaires près de l'anse de chaque ligature, et j'amputai la matrice avec des ciseaux, au niveau de la réunion du corps de cet organe avec son col, de manière à laisser une sorte de moignon destiné à s'opposer au glissement des anses des ligatures qui avaient été serrées jusqu'à cessation complète de tout suintement sanguin.

Cette première période de l'opération a été exécutée en vingt minutes.

Je procédai dès lors au nettoyage de la partie inférieure de la cavité abdominale. Les intestins et l'excavation pelvienne furent débarrassés des caillots qui s'y étaient accumulés et épongés exactement, mais de manière cependant à n'enlever le sang que très-incomplétement. Car l'éponge dont je me suis servi pendant toute la durée de l'opération n'a jamais été lavée, mais a été simplement exprimée chaque fois. La petite quantité de sang restante sert à agglutiner provisoirement la paroi abdominale et les anses intestinales entre elles, jusqu'à ce que les adhérences soient définitivement organisées. Ces adhérences fraîches, simplement pseudo-membraneuses, doivent être ménagées avec le plus grand soin.

J'induisis la surface des parties des ligaments larges et de l'utérus destinées à se mortifier avec du perchlorure de fer à 40 degrés, en ayant soin de bien essuyer l'excès du liquide. Je terminai en plaçant trois nouveaux points de suture enchevillée, profonde ; le deuxième point passait en travers de l'ombilic ; la ligature des artères épiploïques fut engagée au-dessous du deuxième point de suture et attirée à 2 centimètres au-dessous du niveau de la peau, dans l'épaisseur de la paroi abdominale. Le quatrième point de suture profonde dut être fortement serré pour s'opposer à une hémorrhagie déterminée par la ponction du petit trocart explorateur qui me sert à placer les fils de fer. Le cinquième point de suture subissait une forte traction par suite de l'écartement que j'établis et que je maintins entre les deux serre-nœuds. Six points de suture entortillée complétèrent la réunion de la peau.

L'opération tout entière dura ainsi une heure et demie, et l'on fit usage de 250 grammes de chloroforme.

La température de la chambre a été assez élevée, mais néanmoins, l'opérée, quoique couverte de flanelle, s'était refroidie pendant que le ventre était resté à découvert. Les pieds furent réchauffés avec une boule d'eau chaude ; des draps chauds furent placés sur les extrémités, et la chaleur se rétablit rapidement.

Deux vessies pleines de glace furent placées sur le ventre, une de chaque côté, par l'intermédiaire d'un drap, de manière à obtenir, comme dans mes précédentes opérations, un abaissement continu de température, favorable à l'hémostase et destiné à modérer la tendance inflammatoire du péritoine. La partie inférieure de l'incision, maintenue béante par des serre-nœuds, écartés l'un de l'autre, resta sans pansement à découvert.

Le pouls, bien développé, accusait, après l'opération, 95, puis 82, et enfin 80 pulsations. L'opérée éprouve des douleurs qui vont en s'irradiant vers les reins et le sacrum. Ces douleurs lui paraissent analogues à celles qu'elle éprouvait pendant les périodes menstruelles. Elles se calment peu à peu et disparaissent vers le soir. De suite après l'opération, il s'est manifesté une toux accompagnée d'expectoration de mucosités; il survient des quintes à mesure que les grosses bronches s'obstruent. Le côté droit de la poitrine est libre, mais la respiration du côté gauche est embarrassée. Râles sibilants et muqueux. Il se produit à l'extrémité inférieure de la plaie, maintenue béante, un suintement séro-sanguinolent, puis séreux, peu abondant. Le ventre reste plat, souple, indolent; il n'y a pas de soif et aucun symptôme alarmant ne se présente. Le sommeil est paisible pendant toute la nuit; il n'est interrompu que par les quintes de toux. Il survient pendant la nuit une vomiturition pendant un effort d'expectoration.

Prescription. — Acétate de morphine, 0 gr. 10 centigr. Infusion de feuilles d'oranger. Abstinence de liquide sucré pour éviter les vomissements autant que possible.

Deuxième jour. — Pouls à 84, 88, 90 pulsations; râles sibilants dans la poitrine. L'expectoration des mucosités s'est produite quatre fois dans le courant de la journée, à la suite des efforts de toux d'une demi-heure de durée; anxiété, dyspnée avant chaque accès d'expectoration. Les douleurs abdominales ont complétement disparu; calme, sommeil dans les intervalles de toux; absence de soif; ventre souple, mou, indolent à la pression; un peu de sensibilité dans la profondeur des fosses iliaques avec sensation de traction légère. Dès le matin, je dispose dans l'intérieur de la plaie béante un appareil dilatateur, en détruisant avec précaution les adhérences déjà fortes établies entre l'intestin grêle et la vessie, dans l'intervalle des deux serre-nœuds. Cet espace est maintenu libre par une rangée de tubes de caoutchouc largement fenêtrés.

Prescriptions. — Acétate de morphine, 0 gr.,10; infusion de feuilles d'oranger. Infusion de 5 grammes de polygala dans 120 grammes d'eau, édulcorée de 30 grammes de sirop de Tolu, bouillons; pâte de réglisse, dont l'opérée a consommé environ 100 grammes par jour pendant la première quinzaine qui a suivi l'opération. La plaie est pansée trois fois par jour.

Troisième jour. — Pouls, 95, 105, 97 pulsations. Il s'établit une transpiration abondante à plusieurs reprises; l'expectoration est plus facile; la respiration est libre, la plaie commence à fournir de la sérosité grisâtre sans mauvaise odeur, provenant des parties mortifiées de la profondeur; extraction de trois épingles de la suture superficielle, réunion immédiate; des lotions de sulfate de fer sont faites sur l'incision et sur les points de suture; urines abondantes, un peu colorées; état excellent; bouillon, potage.

Quatrième jour. — Le pouls marque 98, 95, 90 pulsations; dans la nuit il est survenu une quinte de toux et de l'expectoration de mucosités pendant trois heures.; plusieurs accès de toux de peu de durée dans le courant de la journée ; les vessies remplies de glace sont supprimées, l'appareil dila-tateur bivalve est enlevé, il est remplacé par un paquet de tubes en caout-chouc et par des mèches de charpie sèche. Les serre-nœuds sont maintenus écartés par une tige transversale qui les relie l'un à l'autre. La suppuration n'exhale pas de mauvaise odeur ; urines abondantes ; transpiration très-forte ; le ventre est souple, indolent, mais il commence à s'élever un peu, distendu par du gaz qu'on évacue au moyen d'une canule, afin de s'opposer au dé-collement des adhérences des anses intestinales agglutinées aux environs de la plaie. Extraction de la troisième et de la quatrième épingle de suture superficielle.

Cinquième jour. — Pouls à 92, 95, 88 pulsations. Accès de toux d'une demi-heure, pendant la nuit ; pendant la journée surviennent plusieurs quintes avec expectoration abondante ; l'état général est excellent. S'il n'y avait pas eu de bronchite, l'opérée ne se serait pas ressentie en quelque sorte de l'opération grave qu'elle a subie et dont elle ignore du reste les circonstances, mais les efforts de toux provoquent chaque fois une douleur très-vive sur le trajet des points de suture profonde, surtout des deux infé-rieurs, qui sont plus tiraillés que les autres à cause de l'écartement des lèvres de la partie inférieure de la plaie, toujours maintenue largement béante. Extraction de la dernière épingle de la suture superficielle ; la peau est douloureuse, enflammée, sur le trajet des deux points infé-rieurs de suture profonde.

Sixième jour. — Pouls 90, 87, 88 pulsations. L'expectoration de muco-sités bronchiques a encore lieu trois ou quatre fois par jour par quintes d'un quart d'heure à une demi-heure de durée. Les efforts de toux sont très-douloureux sur le trajet des deux derniers points de suture qui cou-pent peu à peu les chairs ; urines abondantes, claires. Lavement simple. Évacuation alvine.

L'infusion de polygala est remplacée par 0^{gr},15 de kermès. Bouillons, potages, poulets.

Septième jour. — Pouls à 82, 84, 88 pulsations. Expectoration abon-dante de mucosités à plusieurs reprises. État excellent du reste. Urines très-claires. Lavement. L'acétate de morphine est supprimé et remplacé par 10 gram. d'eau de laurier-cerise. Alimentation *ad libitum*. Eau rougie.

Huitième jour. — Pouls à 95, 98 pulsations. La bronchite diminue d'in-tensité. Respiration libre. Expectoration facile. L'appétit est excellent. Po-sition demi-assise. Suppuration peu abondante. La douleur provoquée par la toux sur le trajet des derniers points de suture profonde, où la peau est très-sensible à la pression, donne lieu à une surexcitation nerveuse, avec mouvement fébrile. Du reste, le ventre est souple, mou, indolent, excepté sur le trajet des points de suture, où le tissu sous-dermique est enflammé et où il y a tendance à un travail de suppuration.

Prescription. — Infusion de valériane et de feuilles d'oranger. Eau de laurier-cerise. Éther. La potion kermétisée est supprimée.

Neuvième jour. — Pouls à 80, 80, 82 pulsatious. Nuit agitée. Surexcitation nerveuse. L'opérée est tourmentée par des gaz intestinaux. Un lavement avec une cuillerée de miel procure une évacuation alvine abondante qui produit un soulagement marqué. Extraction du premier point de suture profonde. Quatre séries de cordonnets attachés à la paroi abdominale par du collodion sont établies. Le pansement n'a plus lieu que deux fois par jour. Le fil de la ligature en masse des artères épiploïques se détache spontanément.

Dixième jour. — Pouls à 83 pulsations. Extraction des fils du deuxième, troisième et quatrième point de suture profonde. Un abcès phlegmoneux, développé sur le trajet du quatrième dans le tissu cellulaire sous-cutané, donne issue environ à 30 grammes de pus épais. Des tubes fenêtrés sont placés dans chaque orifice des points de suture. Lavement au miel. La bronchite diminue progressivement.

Onzième jour. — Pouls à 77 pulsations. État très-satisfaisant.

Douzième jour. — Pouls à 74. L'opérée a dormi toute la nuit. Extraction du dernier point de suture profonde. Appétit excellent. La suppuration sur le trajet des points de suture est presque complétement tarie.

Treizième jour. — Extraction des deux serre-nœuds qui plongeaient l'un et l'autre à une profondeur de 8 à 9 centimètres dans l'intérieur de la cavité péritonéale. Des tubes en caoutchouc sont glissés le long des fils de fer, pour empêcher ces derniers de blesser les intestins, et pour faciliter leur extraction ultérieure à la chute des parties mortifiées du col de la matrice.

Quatorzième jour. — Extraction des anses de fil de fer des serre-nœuds, qui ont offert les dimensions suivantes : l'anse du côté droit, 8 milimètres de diamètre et celle du côté gauche a 11 millimètres de diamètre. Ces anses n'avaient plus été serrées à partir du deuxième jour.

Quinzième jour. — Pouls à 75 pulsations. Les trajets fistuleux des sutures profondes sont cicatrisés dans presque toute leur étendue. Un gros tube en caoutchouc de 14 millimètres de diamètre assure l'issue du pus et des détritus mortifiés de la matrice, provenant de la profondeur de la cavité pelvienne, concuremment avec d'autres tubes fenêtrés d'une petite dimension. Plusieurs lambeaux de tissus mortifiés s'échappent pendant les injections détersives.

Seizième jour —. Diverses parties de tissus mortifiés sortent encore de la profondeur ou sont extraits avec une pince à pansement. État général excellent. L'opérée se lève pour la première fois. Suppuration presque blanche.

Dix-septième jour. — Suppuration blanche. A partir de ce jour, la cicatrisation a suivi une marche régulière ; les tubes de caoutchouc, qui plongeaient d'abord à une profondeur de 11 cent., ont été raccourcis successivement de 1 cent. par jour, et au vingt-huitième jour, il n'est plus resté qu'une petite plaie superficielle, étroite de 3 cent. de longueur, et qui a été complétement fermée le trente et unième jour, le 20 mai. A chaque pansement renouvelé deux fois par jour, les tubes de caoutchouc ont été nettoyés puis désinfectés dans une solution de 10 gr. de sulfate de soude dans 100 gr. d'eau. La bronchite a diminué peu à peu et a fini par disparaître. A partir du vingt-huitième jour, l'opérée est restée levée, se promenant toute la journée, heureuse et contente, prenant de l'embonpoint et jouissant d'une santé parfaite.

La cicatrice abdominale s'est réduite à une longueur de 11 cent. Comme chez mes précédentes opérées d'ovariotomie, il n'existe aucune éventration. Mon procédé particulier de réunion met à l'abri de cet accident parce qu'il permet d'obtenir une suture exacte et une cicatrice solide dans toute l'épaisseur des tissus de la paroi abdominale. La hernie ombilicale est radicalement guérie. Le ventre est également souple, mou de toutes parts. Le col de la matrice occupe sa place normale; il n'éprouve plus aucune déviation.

Les règles n'ont plus paru. A l'époque habituelle, il ne s'est produit absolument aucun des symptômes éprouvés antérieurement à l'opération.

Description des pièces pathologiques. — La tumeur fibreuse extirpée pèse 7 kilogr. Elle a une forme ovoïde; elle est arrondie en bas et en avant, aplatie en arrière, où elle se moulait sur la saillie de la colonne vertébrale. Son extrémité droite est plus renflée et plus consistante que celle du côté gauche. La tumeur est fibreuse, compressible et d'une structure compacte, dans toute son épaisseur. Elle présente l'aspect ordinaire et la structure microscopique des tumeurs fibreuses de la matrice. Sur la coupe, elle paraît aréolaire, composée d'une agglomération de noyaux fibreux plus ou moins volumineux d'une consistance variable. Vers la gauche, les chocs imprimés à la masse y déterminaient un mouvement vibratoire analogue à celui d'une masse gélatineuse et qui en impose pour une fluctuation vague. La tumeur offre les diamètres suivants : transversalement, 30 cent.; d'avant en arrière, 17 cent.; de bas en haut, 23 cent. Sur le bord antérieur gauche, elle était adhérente à l'épiploon. Trois artères épiploïques du calibre de l'artère radiale, non accompagnées de veines, y pénètrent en ce point. Partout ailleurs sa surface est lisse et libre d'adhérences.

La matrice a été amputée exactement au niveau de la réunion du col avec le corps; la partie sus-vaginale du col était restée comprise entre les anses des deux ligatures. La matrice est hypertrophiée, très-vasculaire, et offre dans son épaisseur un petit corps fibreux. La tumeur fibreuse extirpée était implantée sur le fond de la matrice, sur l'angle gauche. La ligature qui a été placée sur le pédicule de la tumeur avant son extirpation, passait en travers de l'angle gauche de la cavité utérine. Par l'enlèvement de la tumeur de la matrice, la trompe gauche a été divisée en deux endroits à son insertion. Les artères utérines ont un calibre très-considérable, et les veines utérines dans les ligaments larges des deux côtés sont énormes, comme à la fin de la grossesse. Les trompes sont parfaitement saines et libres d'adhérences. L'ovaire du côté gauche est sain. Celui du côté droit présente un volume plus considérable qu'à l'état normal. En arrière, plusieurs follicules de Graaf sont hypertrophiées; en avant, on trouve un ovule en pleine maturité; le follicule qui le renferme est saillant, aminci, prêt à se rompre. Les diamètres de l'ovaire gauche sont : suivant la longueur, 35 millim.; suivant l'épaisseur, 12 millim. Ceux de l'ovaire droit sont : suivant la longueur, 44 millimètres; suivant l'épaisseur, 25 millim.

Observation de M. Kœberlé (de Strasbourg). *Kyste multiloculaire. Ovariotomie. Hémorrhagie consécutive. Réouverture de la plaie. Guérison.* — Gazette médicale de Strasbourg, 1863, page 71 (extrait).

Mademoiselle Eugénie de Xermamenil (Meurthe), âgée de 23 ans, bonne constitution, début du kyste 6 ans, menstruation irrégulière, bonne santé habituelle.

Le kyste a été ponctionné cinq fois à des intervalles de plus en plus rapprochés. A chaque ponction il s'écoulait 11 à 12 litres de liquide rouge brunâtre. La malade demande l'ovariotomie dont elle n'ignorait pas les dangers. Ponction tant pour soulager la malade que pour reconnaître s'il existait des adhérences. Le ventre mesurait 1^m,06 de circonférence. La tumeur remplissait presque en entier la cavité abdominale; surface de la tumeur mamelonnée; fluctuation circonscrite en quelques points. La peau ne présente aucune mobilité dans la région ombilicale, dans un rayon de 8 centimètres environ le reste de la paroi abdominale est mobile sur la tumeur. Le col de l'utérus est devié en avant et à droite. Après la ponction on put constater que la tumeur n'adhérait pas à la partie supérieure, la tumeur descendit au-dessous de l'ombilic. M. Kœberlé porta le diagnostic suivant : kyste multiloculaire de l'ovaire droit à grande cavité prédominante. L'extirpation de la tumeur est fixée au 20 décembre, la veille la malade prit un purgatif de 30 gr. d'huile de ricin et 2 gr. de sous-nitrate de bismuth.

Le 20 décembre, la malade fut chloroformée jusqu'à complète insensibilité et alors M. Kœberlé procéda à l'opération. Incision depuis l'ombilic jusqu'à 3 centimètres au-dessus de la symphyse du pubis, 4 artères sous-cutanées furent liées; le péritoine fut incisé sur une sonde cannelée et on vit apparaître la tumeur entre les lèvres de la plaie. Ponction du kyste, évacuation du liquide qu'il contenait; la tumeur, saisie avec des pinces à crochet, fut attirée au dehors. Il existait à la région ombilicale des adhérences intimes dans un rayon de 6 à 8 centimètres, elles furent disséquées. L'incision fut prolongée à 7 centimètres au-dessus de l'ombilic, ce qui lui donna une longueur totale de 25 centimètres. Comme il n'a pas d'autres adhérences, la tumeur put être facilement extraite en masse. Pédicule très-grêle ; la veine qu'il renfermait avait la grosseur d'un doigt et l'artère le calibre de l'artère humérale. On entoura tout le pédicule d'une ligature en fil de soie ; il avait 4 centimètres de longueur ; une seconde ligature fut placée au-dessus de la première et on coupa entre les deux pour séparer le kyste. L'ovaire du côté gauche était parfaitement sain. Le sang épanché fut épongé minutieusement, les éponges étaient seulement exprimées, mais pas lavées dans l'eau, elles avaient été préparées exprès avant l'opération. Hémorrhagie capillaire à la place des adhérences ; les vaisseaux les plus gros furent liés, les autres simplement touchés avec du perchlorure de fer. Le même agent fut ensuite porté sur les parties étranglées pour les rendre imputrescibles, après cela on procéda à fermer la plaie. Trois sutures métalliques profondes à partir de 4 à 7 centimètres des bords de la plaie furent appliquées, en ayant soin de ne pas comprendre le péritoine ; ces sutures ne traversaient les aponévroses abdominales qu'à partir de 2 centimètres des bords de l'incision, elles furent enchevillées sur un bout de sonde et serrées convenablement. Le pédicule fut maintenu au dehors par le clamp de M. Kœberlé. L'abdomen fut recouvert d'une simple compresse, puis d'un drap plié en plusieurs doubles, sur lequel furent ensuite placées deux vessies de caoutchouc remplies de glace.

L'opération dura une heure et demie. Le sang perdu pendant l'opération a été recueilli ; il pesait 320 grammes. On a fait usage de 225 grammes de chloroforme ; l'anesthésie a été complète pendant toute la durée de l'opération.

Après l'opération, le pouls est à 72 ; l'opérée reste très-abattue. Coliques très-fortes, nausées vers le soir et deux vomissements glaireux. Potion avec 0,10 centigrammes de morphine et 12 grammes d'acétate d'ammoniaque. Glace pour boisson ; diète. Le soir, l'abdomen est recouvert de compresses imbibées d'une solution de 10 grammes de sulfate de fer pour 100 grammes d'eau. La partie libre du pédicule est imprégnée de perchlorure de fer.

La malade a éprouvé des douleurs assez vives pendant douze ou quinze heures après l'opération. Le deuxième jour, la douleur a complétement disparu. Le pédicule est complétement sec ; le ventre est souple, mou, indolore à la pression. Mixtion normale. Le troisième jour, vomissements bilieux ; ils ne cessent que par l'usage de l'éther pris à l'intérieur ; ténesme vésical et contraction spasmodique du sphincter anal. Le quatrième jour, elle a encore un vomissement à deux heures du matin, mais elle dort tranquilment le reste de la nuit ; suppuration insignifiante. La glace est supprimée, de même que la potion d'acétate de morphine et d'ammoniaque. Le cinquième jour, pouls à 72, 68 pulsations. Il n'existe que peu de traces de suppuration le long des fils des ligatures. État excellent. Café au lait, potage, poulet, vin. Le sixième jour, extraction des dernières épingles des points de suture entortillée. Le septième jour, il survient des coliques venteuses; lavement, éther. La cicatrice de l'incision abdominale est réduite à 17 centimètres de longueur. Chute de l'un des fils des ligatures. Le huitième jour, extraction des fils métalliques de sutures profondes; un abcès s'est développé sur le trajet du dernier de ces fils, et l'on y introduit un fil à drainage. Le neuvième jour, coliques; lavement. Abdomen sensible et empâté au-dessus de l'aine gauche. Le dixième jour, pouls à 80, 85, 105. L'aine est devenu plus sensible; on y sent un noyau dur, superficiel, qui est le siége de douleurs pulsatives : il s'est de nouveau développé un abcès sur le trajet du troisième point de suture profonde malgré le tube en caoutchouc. Une forte dilatation du trajet fistuleux amène un écoulement de pus. Un tube en caoutchouc est introduit profondément dans le trajet. Le pédicule ne tient presque plus. Inappétence. Le onzième jour, pouls à 78 et 74. Le pédicule s'est détaché nettement; l'écoulement du pus s'est établi par le tube en caoutchouc; il s'en est écoulé 20 grammes environ. L'appétit est revenu. État excellent. Le douzième jour, nuit tranquille, état excellent. Vers dix heures du matin, la malade s'aperçoit qu'il s'écoule du sang de dessous le bandage de corps. Les Sœurs de charité appliquent de suite l'eau de Pagliari. L'hémorrhagie cesse un moment pour se reproduire de nouveau, malgré la compression et les éponges trempées avec de l'eau glacée, appliquées sur le ventre. Le perchlorure de fer, qui est substituée à l'eau de Pagliari, ne fait qu'activer l'hémorrhagie. Dans l'impossibilité où se trouvait M. Kœberlé de saisir le vaisseau qui fournissait le sang (l'artère ovarique), il opère un tamponnement méthodique dans l'espace infundibuliforme de l'extrémité inférieure de la cicatrice, par où s'opérait l'hémorrhagie, au moyen de la charpie imbibée d'eau de Pagliari et de compresses superposées maintenues par un bandage de corps bien serré. Un poids de 1 kilogramme est ensuite placé sur cet appareil pour opérer une pression continue, et deux vessies contenant de la glace sont placées sur l'abdomen.

Dans le courant de la journée, l'hémorrhagie se reproduit néanmoins en quantité peu abondante à cinq ou six reprises; mais elle s'arrêta définitivement à partir de 10 heures du soir. La perte de sang fut évaluée à 500 grammes environ. Le pouls n'a pas faibli trop sensiblement, il est développé et marque 73 pulsations. Dès le matin, l'hémorrhagie s'était faite en même temps à l'intérieur; on sentait de chaque côté, au-dessus de l'aine, une tuméfaction produite par des caillots internes. Le treizième jour le pouls est à 80. L'hémorrhagie ne s'est pas reproduite : mais la circulation des gaz intestinaux est très-gênée par la compression du ventre et probablement aussi par les caillots internes. Coliques venteuses; vers le soir le pouls est à 100 pulsations. Diète; infusion de 1 gramme de digitale. Le quatorzième jour, vers deux heures du matin, une nouvelle hémorrhagie de 30 grammes environ de sang se déclare; elle cesse presqu'aussitôt. De neuf à dix heures du matin, l'hémorrhagie se reproduit à deux reprises. La perte de sang peut être évaluée à 150 ou 200 grammes. Le pouls est très-faible, fréquent, à 125 pulsations. L'opérée est pleine d'anxiété. Les pièces du pansement imbibées de sang exhalent une odeur ammoniacale prononcée. Le ventre est sensible de chaque côté de l'aine. Il est urgent de prendre un parti décisif. L'opérée, qu'on pouvait en quelque sorte considérer comme étant complétement guérie dès le douzième jour, succombera en peu de temps à une péritonite imminente et à l'hémorrhagie. Comme il y avait urgence de faire cesser au plus tôt l'hémorrhagie, M. Kœberlé a défait rapidement l'appareil de pansement. La partie inférieure de la cicatrice renfermait un caillot, du milieu duquel venait sourdre le sang artériel. Il y introduisit les doigts des deux mains, et écartant avec effort il déchira violemment la cicatrice de manière à obtenir une ouverture de 10 centimètres environ. Opérant brusquement alors au moyen de la main gauche une forte compression très-douloureuse, ressentie par la malade sur le trajet de l'artère ovarique, il introduisit deux doigts de la main droite dans la cavité péritonéale dont il retira deux caillots volumineux et des détritus de caillots. Il arracha en même temps le pédicule de la paroi abdominale à laquelle il se trouvait encore en partie fixé. Après avoir détergé la plaie, qui était maintenue béante par un aide, M. Kœberlé a saisi en travers, avec une pince à pansement, l'artère ovarique, dont le sang jaillissait en abondance, dès que l'on cessait d'exercer une forte compression. Une douleur très-vive fut provoquée par le serrement des mors de la pince qui a été portée à ses dernières limites pour produire la mortification immédiate des tissus saisis. La douleur cessa aussitôt en même temps que l'hémorrhagie. Les anses intestinales voisines furent nettoyées de quelques caillots qui les recouvraient encore. L'un d'eux, assez volumineux, s'étendait au-dessus de l'aine droite vers la crête iliaque; on ne tenta nullement de l'extraire, craignant de produire un décollement étendu des anses intestinales. Agglutinées entre elles par des adhérences récentes, on laissa la plaie revenir sur elle-même; la pince plongeant librement entre les anses intestinales à une profondeur de 6 centimètres. La surface de l'incision fut recouverte d'une légère couche de perchlorure de fer pour s'opposer à la réunion et pour laisser un large espace à l'écoulement, à la sérosité d'odeur ammoniacale qui venait affluer au fond de la plaie.

Les tissus violemment écartés ne tardèrent pas à revenir sur eux-mêmes et vers la fin de la journée la plaie n'offrait plus que 6 cent. de longueur. Une abondante quantité de sérosité ne cessa de s'amasser au fond de la plaie pendent plusieurs heures. Dès que cette sécrétion se fut ralentie, M. Kœberlé introduisit dans la plaie quelques bourdonnets de charpie imbibés de sulfate de fer, disposés de manière à laisser un écoulement libre aux liquides. Le soir le ventre était sensible et le pouls à 120. — Vin de Malaga, bouillon, potage. Le quinzième jour, pouls à 98, 95. La sécrétion

séro-sanguinolente a été assez abondante pendant la nuit. L'opérée a dormi
pendant plusieurs heures ; le ventre est moins sensible. L'odeur ammoniacale de la sécrétion est neutralisée par le sulfate de fer. 200 gr. de vin de
Malaga, bouillon, potage. Le seizième jour, pouls à 100, 92. État très-
satisfaisant ; pansement avec le sulfate de fer. La douleur abdominale a
disparu. Evacuation alvine. Potage, bouillon, côtelette, vin, sous-nitrate
de bismuth 2 gr. — Le dix-septième jour, le pouls est à 85. Le pansement
au sulfate de fer est supprimé. Les vessies de glace placées sur l'abdomen sont enlevées ; quelques coliques venteuses et un peu de météorisme
se déclarent. Le dix-huitième jour l'opérée a bien dormi. Météorisme, cinq
selles liquides, troubles digestifs (résultant de l'anémie). Le dix-neuvième
jour l'opérée est très-abattue, elle a encore cinq selles liquides ; lavement
d'empois d'amidon, extrait d'opium 25 milligr. , sous-nitrate de bismuth
2 gr. 50 cent. ; la pince s'est détachée spontanément ; suppuration insignifiante. Le vingtième jour la diarrhée a cessé, pouls à 74. Le vingt-unième
jour la diarrhée reparaît de nouveau, six selles colorées fortement par le
sulfure de bismuth, sans odeur sulhydrique du reste. Sous-nitrate de bismuth 5 gr. 50 centigr. en deux fois. Météorisme, ventre insensible à la
pression ; inappétence, pouls petit à 72 ; abattement et faiblesse, amélioration vers le soir. Eschare entre l'ischion et le coxis, de 4 cent., pansée avec
une pommade composée de tannate de plomb 4 gr., axonge 30 gr. Le
vingt-deuxième jour la nuit a été bonne ; la diarrhée a cessé. Le vingt-
troisième jour la tympanite stomacale et intestinale persiste ; un vomissement, coliques venteuses. La malaxation méthodique de l'abdomen fait
disparaître l'obstruction intestinale en donnant lieu à quelques borboryg-
mes. Le vingt-quatrième jour l'opérée a passé une très-bonne nuit ; la circulation des gaz est plus facile ; elle mange avec beaucoup d'appétit ; elle
reste levée pendant une heure. La plaie est presque complétement cicatrisée ; elle est réduite à une fistule de 6 cent. de profondeur qu'on maintient
libre au moyen d'un tube de cahoutchouc fenétré. Le vingt-sixième jour
le pouls est à 67 ; l'opérée mange, boit et dort bien, elle reste levée pendant deux heures. Les forces reviennent peu à peu ; toutes les fonctions
de l'économie sont rétablies ; le creux épigastrique ainsi que tout le reste
de l'abdomen est affaissé.

La circulation des gaz n'est plus gênée ; l'escarre du coccyx est très-
réduite et se cicatrise rapidement sous l'influence du pansement au suif.
Le trente-deuxième jour, 20 janvier, chute des trois derniers fils qui ont
servi à lier les vaisseaux des adhérences du kyste. Le cul-de-sac de l'extrémité inférieure de la cicatrice abdominale est comblé entièrement. L'incision primitive est réduite à une cicatrice linéaire de 15 centimètres de
longueur, dont 4 sont situés au-dessus de l'ombilic. On ne sent plus aucune
trace de caillots dans l'abdomen ; l'état général est excellent.

Les règles ont reparu pour la première fois après l'opération d'ovariotomie après un intervalle de deux mois.

Examen de la tumeur ovarique. — La tumeur a une forme irrégulièrement allongée. La grande loge est fortement revenue sur elle-même; elle est séparée par un sillon profond de la tumeur qui se trouvait dans la région épigastrique. Cette tumeur est multiloculaire; elle contient une cinquantaine de loges, variables en dimension, d'un diamètre de 1 à 9 cent., contenant toutes, à l'exception d'une seule, dont le contenu est brunâtre, de l'albumine limpide et incolore. Les parois de ces loges sont tapissées d'une couche d'épithélium pavimenteux, et sont constitués par des ovisacs. Les dimensions de la tumeur multiloculaire sont : 0 ^{m}, 22 cent. de largeur et 0 ^{m}, 12 cent. de hauteur.

Le liquide rouge brunâtre du grand kyste est constitué par de l'albumine d'une densité de 1,05, colorée par des globules granulés jaunâtres, par de globules sanguins colorés, et par de la matière colorante du sang. On y trouve des flocons de fibrine et des cristaux de cholestérine. Les parois de la grande loge ont une épaisseur de 2 à 3 mill. On trouve encore la trace du trocart de 3 mill. et demi, qui a servi pour la ponction le 9 décembre, et à la partie interne du kyste, au point correspondant, se trouve un caillot en voie de décoloration, reste d'une petite hémorrhagie interne consécutive à la ponction, et à la face externe de la tumeur multiloculaire existent trois ouvertures cicatrisées, qui établissent une communication entre les petites loges et la grande cavité. L'une de ces petites loges et son orifice sont remplis d'un caillot à peine en voie de décoloration, manifestement moins ancien que celui qui se trouve au niveau du point ponctionné le 9 décembre : il y a eu rupture de l'ovisac du côté de la grande cavité kystique, dans laquelle il a probablement versé son contenu lors de la dernière menstruation arrivée le 14 décembre.

La tumeur ovarique pesait après l'extirpation 2,750 gram. Ses loges multiloculaires contenaient 2 litres d'albumine. Le poids net de la partie fibreuse restante est de 700 gram. Le poids total de la tumeur avant la ponction, a été de 14 kilog.

La trompe utérine est accolée à la partie postérieure de la tumeur; elle remonte jusqu'à sa partie supérieure. Elle se trouve par conséquent dans le creux épigastrique et elle offrait une longueur de 20 cent. Le pédicule formé par les vaisseaux ovariques et par le ligament large, a été embrassé par une ligature préalable en soie, dont l'anse n'a eu plus de 7 mill. de diamètre. Ce diamètre a été réduit à un tiers environ par le constructeur circulaire.

Observation de M. Keith. — Malade opérée par M. Keith, à Édimbourg, le 31 mars 1863. — Collection de pus dans la cavité du péritoine; ponction vaginale ; cessation de tous les symptômes alarmants. (Gazette hebdomadaire, 1863, p. 552. Courty).

Mademoiselle H..., âgée de 27 ans. kyste multiloculaire volumineux, développé depuis 3 ou 4 ans, pesant plus de 120 livres. Le ventre mesurait 37 pouces du cartilage xyphoïde au pubis; il avait 52 pouces de tour au niveau de la pointe du sternum et 62 au niveau de l'ombilic, qui arrivait jusqu'aux genoux; la malade était très-maigre, très-faible, dans un état d'émaciation complète. L'opération fut difficile, elle dura si longtemps que la malade dut rester chloroformisée pendant deux heures; l'incision abdominale fut de 16 pouces; il y avait des adhérences avec la paroi abdominale antérieure, l'épiploon et les fosses iliaques internes; heureusement il n'y en avait pas avec l'intestin, il n'y eut pas à faire de ligature. Plusieurs ponctions (cinq ou sept), furent successivement pratiquées pour vider les poches, et malgré cela, il restait à extraire une masse énorme composée de petits kystes, ce qui justifia les dimensions de la section abdominale; la suture entortillée fut appliquée à la plaie et le clamp au pédicule, comme toujours. Le clamp tomba le douzième jour, le pédicule fut touché avec le perchlorure de fer; après la chute du clamp il se développa une péritonite avec un commencement d'épanchement dans le péritoine pelvien et la menace d'un danger prochain.

Le seizième jour M. Keit fit une *ponction vaginale dans le cul-de-sac utéro-rectal*; cette petite opération amena immédiatement l'évacuation d'un liquide fétide et consécutivement la cessation de tous les accidents. La malade fut rétablie en six semaines.

BIBLIOGRAPHIE.

Hevin. — Mémoires de l'académie royale de chirurgie, t. 3, p. 511.

Delaporte. — Mémoires de l'académie royale de chirurgie, t. 2, p. 50.

Velpeau. — Traité de médecine opératoire, t. 4, p. 19.

Velpeau. — Dictionnaire en 30 vol., article Ovaire, t. 22.

Corbin. — Gazette médicale de Paris, t. 1, 1830.

Chereau. — Journal des connaissances médico-chirurgicales, 1844.

Cl. Bernard. — Archives générales de médecine, 1856.

Maisonneuve. — Thèse de concours. Paris, 1850.

Cazeaux. — Thèse de concours. Paris, 1844.

Desormeaux. — Thèse de concours. Paris, 1853.

Bauchet. — Mémoire présenté à l'académie de médecine de Paris, 1858.

Boinet. — Iodothérapie et Gazette hebdomadaire, 1860.

Jules Worms. — Gazette hebdomadaire, 1860.

Ollier. — Gazette médicale de Lyon, 1862.

Pihan-Dufeillay. — Archives générales de médecine, 1862.

Gentilhomme. — Gazette médicale de Paris, 1862.

Labalbarie. — De l'hydrovarie. Paris, 1862.

Léon Le Fort. — Gazette hebdomadaire, 1862.

Courty. — Excursion chirurgicale en Angleterre. Paris, 1863.

Gaillardot. — Thèse de Paris, 1863.

Jeafferson. — London and medical gazette, 1844.

1864. — Herrera.   25

Churchill. — Dublin journal of medical sciences, 1844.

Churchill. — Diseases of women. London, 1864.

T. S. Lee. — Essay on tumors of the uterus, etc., 1847.

Robert Lee. — On ovarian and uterine diseases, 1846.

Spencer Wells. — Cases of ovariotomy (brochure), London and Dublin Quarterly journal, 1859.

John Clay (de Birmingham). — Appendix to the chapters on diseases of the ovaries translated from Kiwisch clinical lectures. London, 1860.

Simpson. — Ovariotomy a justifiable operation. Medical Times, 1860.

Lloyd Roberts. — Remarks on a successful cas of ovariotomy. Dublin, Quarterly journal, 1861.

Spencer Wells. — Medical Times, 1861.

Ch. Clay (de Manchester). — London medical review, 1861.

Phillips. — Medico-chirurgical transactions, and medical Times, 1858.

Tyler Smith. — Lancet, 1860.

Tanner. — Lancet, 1861.

W. Atlee. — Americal journal of medical sciences, 1858.

Lymann. — Philadelphia Examiner, 1858.

Bryant. — Lancet, 1849.

Bradford. — Report of cases occurring in Kentucky (brochure).

Mc. Ruer. — Report of cases occurring in the state of Maine (brochure).

W. Hamilton. — Ovariotomy in Ohio. North Amer. medico-chirur. review, 1860.

Simon (*Gustave*). — Scanzoni Beiträge, etc. Wurzburg, 1858.

Docteur Fock. — Monatsschrift für Geburtskund, etc. Berlin, 1858.

Otto. V. Franques. — Scanzoni Beiträge, etc. Wurzburg, 1860.

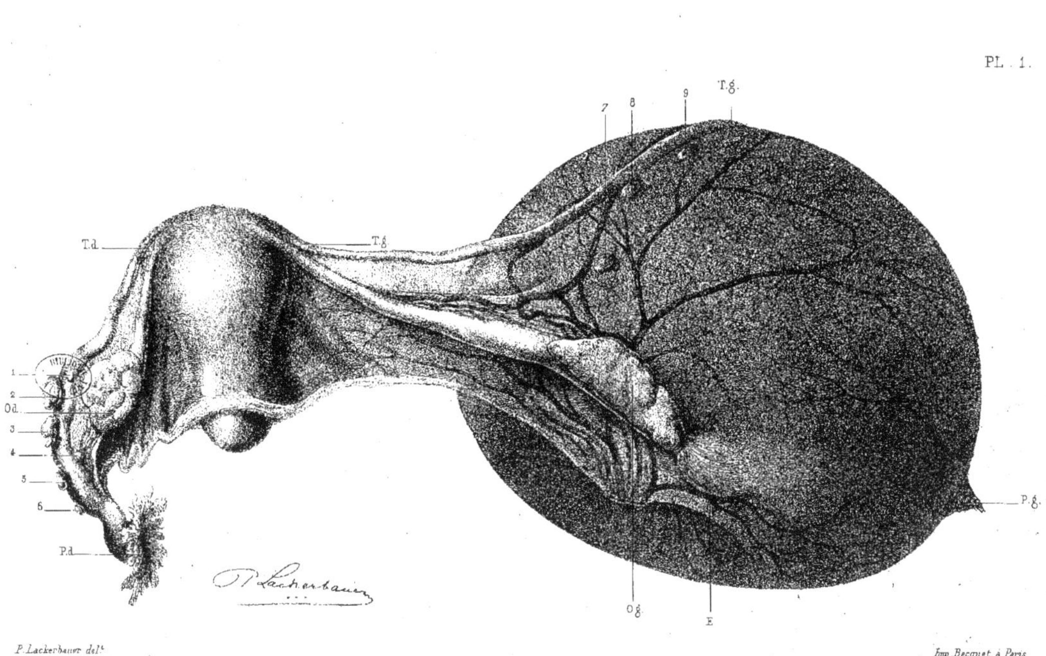

P.Lackerbauer del.

Imp.Becquet, à Paris.

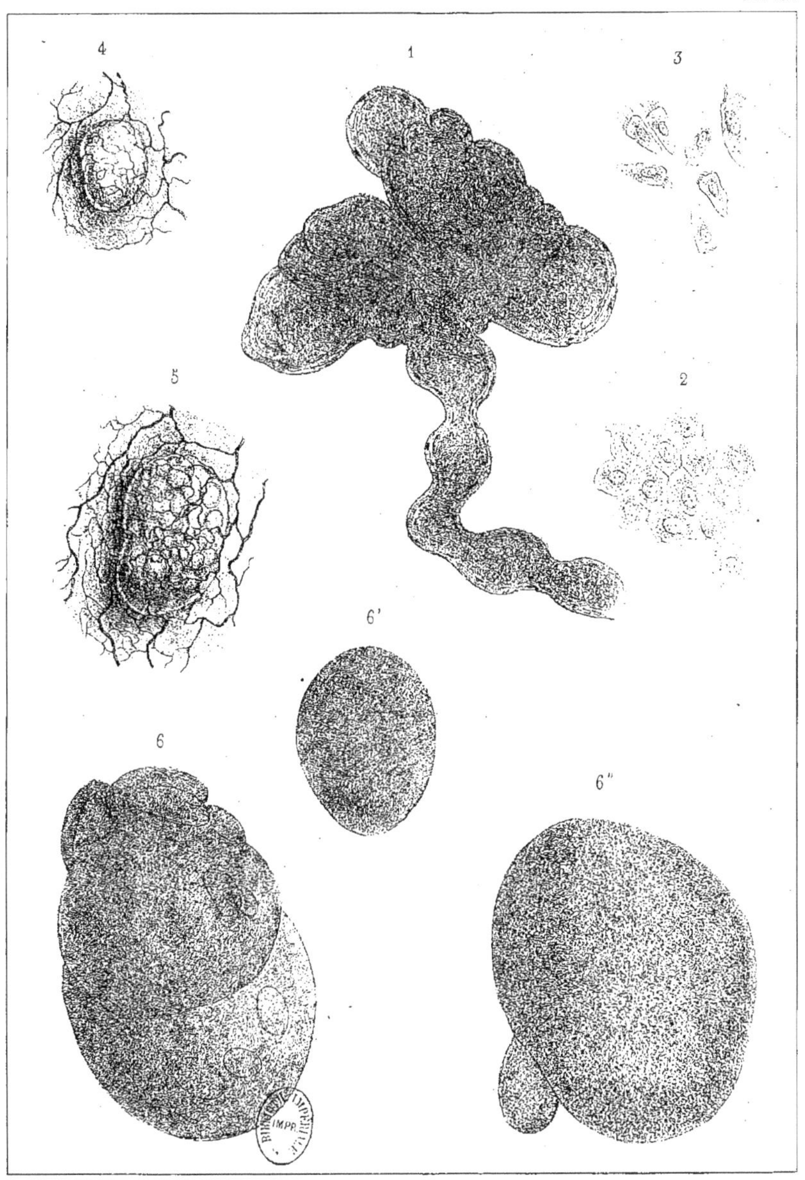

4
1
3
5
2
6'
6
6"

EXPLICATION DES PLANCHES.

PLANCHE I.

Représente l'utérus et ses annexes, avec un grand kyste développé dans le ligament large du côté gauche, et relié à l'extrémité externe de l'ovaire du même côté, au moyen d'une expansion fibreuse E. — On voit sur la surface du grand kyste un riche réseau de vaisseaux sanguins procédant des troncs vasculaires du ligament large.

O. g. Ovaire gauche. — Cet organe est entièrement libre de kystes.

E. Expansion fibreuse reliant le grand kyste à l'ovaire gauche.

P. g. Pavillon de la trompe gauche.

T. g. Trompe gauche.

T. d. Trompe droite.

O. d. Ovaire droit.

P. d. Pavillon de la trompe droite.

1. 2. 3. 4. 5. 6. 7. 8. 9. Petits kystes développés sur le trajet de la trompe droite et à la surface du grand kyste.

PLANCHE II.

Fig. 1. — Anse capillaire terminale de la membrane interne du grand kyste, présentant sur son trajet des dilatations sacriformes.

Fig. 2. — Epithélium pavimenteux appartenant à la surface interne ou cavité du grand kyste. Ces cellules sont assez régulièrement polyédriques, un peu granuleuses, avec un noyau central, ovalaire, dans lequel on voit un ou deux nucléoles.

Fig. 3. — Cellules d'épithélium prismatique à cils vibratiles, trouvées également à la surface interne ou cavité du grand kyste, nuclées aux cellules d'épithélium pavimenteux.

Fig. 4. — Kyste simple à contenu liquide, vu à un grossissement de 20 diamètres. Ce kyste est composé d'une membrane unique fermée de toutes parts et contenant un liquide très-fluide, transparent et légèrement coloré en jaune. A la base du kyste existe un réseau capillaire très-riche, donnant des ramifications qui s'étendent vers sa périphérie pour lui former un véritable filet.

Fig. 5. — Kyste composé, ou à corpuscules multiples, vu à un grossissement de 20 diamètres. Il est composé également d'une membrane unique, transparente, fermée de toutes parts, et contenant un grand nombre de petites masses gélatiniformes, presque transparentes, très-variables de forme. A la base existe le même vaisseau capillaire et là même disposition signalée pour le kyste précédent.

Fig. 6. — Une des masses gélatiniformes renfermées dans le kyste que nous venons de décrire. Elle est formée de deux masses plus volumineuses, lesquelles contiennent à l'intérieur plusieurs autres plus petites, de forme ovalaire ou arrondie. A la périphérie existent d'autre plus ou moins volumineuses disposées en forme de bourgeons. Grossissement de 200 diamètres.

Fig. 6'. — Une autre petite masse ou corpuscule gélatiniforme, isolée, unique, de forme ovalaire et légèrement granuleux.

Fig. 6". — Une troisième masse ou corpuscule, plus granuleux que le précédent, présentant à la périphérie une autre petite masse qui naît par gemmation ou surculation.

www.ingramcontent.com/pod-product-compliance
Ingram Content Group UK Ltd.
Pitfield, Milton Keynes, MK11 3LW, UK
UKHW021927070726
13614UKWH00001B/289